평양냉면

평양냉면

2018년 8월 5일 초판 1쇄 찍음
2018년 8월 15일 초판 1쇄 펴냄

지은이 김남천, 백석, 최재영 외
펴낸이 이상
펴낸곳 가갸날
주소 경기도 고양시 일산동구 강선로 49 BYC 402호
전화 070.8806.4062
팩스 0303.3443.4062
이메일 gagyapub@naver.com
블로그 blog.naver.com/gagyapub
페이지 www.facebook.com/gagyapub
디자인 강소이

ISBN 979-11-87949-21-3 03590

이 도서의 국립중앙도서관 출판시도서목록(CIP)은 서지정보유통지원시스템 홈페이지(http://www.nl.go.kr/cip.php)와 국가자료공동목록시스템(http://www.nl.go.kr/kolisnet)에서 이용하실 수 있습니다.(CIP제어번호: CIP2018022209)

식탁 위의
문학 기행

- 2 -

평양냉면

김남천
백석
최재영
외

가갸날

책을 펴내며

우리 음식 문화 가운데 소울 푸드를 하나만 들라 하면 주저 없이 냉면을 꼽겠다. 냉면은 우리 음식사에서 매우 독특한 위치를 차지한다. 무엇보다 오랜 역사를 자랑한다. 천여 년의 역사를 꼽는 연구자들도 있다.

냉면은 우리 음식 가운데 가장 예술적 완성도가 높은 음식이다. 꾸미와 고명을 얹은 채 웅숭깊은 냉면 국물 속에 똬리를 튼 면발의 모습은 하나의 예술이다. 본디 국수는 손이 많이 가는 음식이다. 냉면은 국수보다 더한 공력을 필요로 한다. 형언할 수 없는 수고로움을 딛고서야 마침내 냉면 한 그릇의 소중함은 의미를 얻는다.

시인 백석은 '겨울밤 쩡하니 익은 동치밋국을 좋아하고

얼얼한 댕추가루를 좋아하고 싱싱한 산꿩의 고기를 좋아'하는 '희스무레하고 부드럽고 수수하고 슴슴한 것'이 '아배 앞에는 왕사발에 아들 앞에는 새끼사발에 그득히 사리워' 온다고 노래했다. 이토록 공력이 많이 가는 음식을 서민이고 양반이고 궁중에서고 두루 즐겼다.

냉면은 본시 겨울 음식이었다. '함박눈이 더벅더벅 내릴 때 '꽁꽁 언 김치 죽을 뚜르고 살얼음이 뜬 진장김칫국에' 만 냉면을 '풀어 먹고 우르르 떨려서 온돌방 아랫목으로 가는' 정경이 지금이야 낯설 수밖에 없지만, '혀를 울리는 쩌르르한' 냉기로 한겨울의 추위를 이겨내던 역설의 지혜가 냉면의 문화 속에는 담겨 있는 것이다.

18세기 후반의 평양 모습을 그린 〈기성전도〉 속에는 매우 흥미로운 글귀가 보인다. 다름 아닌 '냉면가' 표기다. 대동문, 부벽루 등의 명승지와 함께 냉면집이 뚜렷이 표시되어 있다. 같은 시기에 평양을 여행한 실학자 유득공은 가을이면 평양의 '냉면과 돼지 수육 값이 오르기 시작한다'고 적었다. 그만큼 냉면이 널리 유행하였고, 겨울에 즐겨 먹었음을 알 수 있다. 19세기 초 순조 임금은 냉면을 궁궐 밖에서 테이크아웃해 오게 했다.

냉면이 우리 음식 가운데 가장 먼저 상업화된 음식임을 알 수 있다. 냉면집은 평양에 제일 먼저 들어서고, 이어 서울로 진출하였다. 평양을 중심으로 한 관서 지방에서 시작된 냉면집은 서서히 전국으로 퍼져나갔다. 도시화가 촉진됨에 따라 1910년대 후반 무렵 평양에는 큰 규모의 냉면 거리가 형성되었다. 더불어 다시 한 번 평양냉면은 경성을 비롯한 다른 지역으로 진군해 가기 시작한다.

우리나라는 배달 음식의 천국이라 일컬어진다. 그 뿌리는 20세기 초반 평양과 경성에 들어선 냉면집이었다. 중머리라 불린 냉면 배달부들이 한 손에 배달 음식이 담긴 큰 목판을 들고 다른 한 손으로 곡예하듯 자전거를 운전하는 이색적인 모습은 나혜석과 안석영의 드로잉으로 남아 있다.

수천 년, 수백 년을 이어온 음식에는 무언가 특별한 것이 있는 법이다. 음식은 곧 그 문화를 배태해 낸 민족의 삶과 문화의 젖줄이다. 우리의 혼이 깃든 음식이자 가장 오랫동안 밥상의 주인공이었던 밥이나 김치는 다른 음식과 어우러져야 비로소 빛을 발한다. 밥은 배고픔을 면하기 위해 먹는 음식이다. 또 아무리 우리 문화의 정수를 담고 있다 할지라도 김치만으로 끼니를 해결할 수는 없다.

냉면은 주식의 대용이 되면서도 즐거움을 주는 음식이다. 냉면이 오래전부터 식도락가들의 미각을 즐겁게 해주었음은 기록에서 찾아볼 수 있다. 그래서일까. 다소의 부침은 있었을지언정, 냉면은 지금도 많은 사람들의 사랑을 받고 있다. 이삼십대 젊은 층에도 냉면 마니아들이 적지 않다.

냉면 마니아들에게 냉면이란 단연 평양냉면이다. 평양냉면 마니아들은 스스로를 '평뽕족'('평뽕'이란 평양냉면의 중독성을 가리키는 말)이라고 부르며, 냉면집 순례를 멈추지 않는다.

이들에게 새로운 도전이 주어졌다. 지난 4월의 판문점 남북정상회담 만찬장에 등장한 옥류관 냉면 때문이다. 거무스름한 면의 빛깔과 다진 양념을 보고 아연실색한 평뽕족들이 적지 않았다고 한다. 자연스레 '정통' 논쟁이 불붙게 되었다. 남한의 평양냉면집들이 평양냉면의 전통을 지켜오고 있으며, 북한의 평양냉면은 그 원형을 상실했다는 주장이다.

남한의 평양냉면집들은 해방과 한국전쟁기에 남으로 이주한 평양 사람들에 의해 뿌리를 내렸다. 이른바 평양냉면의 제3차 진군이다. 평양냉면의 3차 진군에 의해 그 이전까지 수십 년 아성을 누리던 냉면집들은 경쟁에서 도태되었다.

평양냉면은 지금 가장 '핫'한 음식이 되었다. 해외에서의 관심도 폭발적이다. 더불어 유사 이래 가장 큰 특수를 누리고 있다. 하지만 모든 것은 양면이 있기 마련이다. 어쩌면 조만간 평양냉면의 제4차 진군이 시작될지도 모르겠다. 그렇게 되면 서울과 평양의 평양냉면 가운데 누가 이길까. 미리부터 조바심이 나고 자못 흥미진진하다.

이 책은 평양냉면의 모든 것을 다루고 있다. 평양냉면의 탄생에서부터 오늘에 이르는 역정을 집대성하였다. 얇은 책 한 권에 집대성이란 표현은 과한 듯 여겨질 수 있지만, 냉면이 등장하는 의미 있는 1차자료를 망라했다는 점을 표현한 것이니 너그러이 이해해 주시기를. 1부는 김소저와 김남천의 글로 대표되는 평양냉면을 예찬하고 자부심이 묻어나는 글이다. 2부에서는 냉면의 역사를 다루고 있다. 냉면이 등장하는 최초의 옛 기록에서부터 최근까지의 글을 통해 냉면이 어떻게 탄생하고 이어져왔는지를 살핀다. 3부는 냉면을 다룬 문학작품을 모았다. 눈길이 가는 것은 1917년에 발표된 유종석의 〈냉면 한 그릇〉이다. 근대문학전집 속에 들어 있다 해도, 음식사 연구에서는 그 존재조차 모르다시피 하던 작품이라는 데 의의가 있다. 4부는 일제강점기부터 오늘에 이르는 평양냉면 기행이다. 오늘의 북한 평양냉면의 변화상을 살펴볼 수 있는 글이 두 편 실려 있다.

'면스플레인'(냉면에 대해 가르치려고 하는 자세)을 즐기는 '평뽕족'에게는 더없이 유익한 책이 될 것이다. 1차 자료를 중심으로 하면서 그 출처를 명확히 해두었기 때문에 평양냉면을 둘러싼 논쟁점들을 정리하는 데 도움을 줄 것이다. 이해를 높이기 위해 필요한 곳에는 해설을 첨부해 두었다.

"이제 평화의 상징이 바뀌었다. 비둘기가 아닌 평양냉면이다."

외국 언론이 전한 한 국내 네티즌의 말이다.

버킷리스트에 평양냉면을 적어두는 일은 작지만 세계 평화에 기여하는 일일 것 같다.

2018. 7. 13

엮은이 이상

차례

++

2부

냉면의 역사를 보듬다

3부

냉면,
문학이
되다

일러두기

1 이 책에 실린 글은 조선 후기부터 최근까지에 걸쳐 그 폭이 매우 넓다. 원문 게재가 원칙이지만, 독자를 위해 아주 일부 표현을 수정한 곳이 있으며, 한시는 원문과 번역문을 병기하였다.
2 띄어쓰기와 맞춤법은 현재의 한글 맞춤법 표준안을 따르는 것을 원칙으로 하되, 문학작품의 경우 사투리를 살렸다. 외래어는 오늘의 외래어 표기법에 맞게 바꾸었다.
3 원본의 한자는 한글로 표기하고, 의미 전달을 위해 필요한 곳에는 한자를 덧붙였다.
4 본문 서체와 다른 곳은 독자의 이해를 돕기 위한 해설이며, 필요한 곳에는 주석을 달았다.

1부

평양냉면 예찬

사철 명물: 평양냉면

김소저 | 작가.

봄

봄바람이 건듯 불어 잠자던 모란대에 나무마다 잎 트고 가지마다 꽃 피는 3, 4월 긴— 해를 춘흥에 겨워 즐기다가 지친 다리를 대동문 앞 드높은 2층루에 실어놓고 패강* 푸른 물 따라 종일의 피로를 흘려보내며 그득 담은 한 그릇 냉면에 시장기를 면할 때!

여름

대륙의 영향으로 여름날 열기가 상당히 높은 평양에서 더위가

* 대동강.

몹시 다툴 때 흰 벌덕대접에 주먹 같은 얼음 덩어리를 속에 감추고 서리서리 얽힌 냉면! 얼음에 더위를 물리치고 겨자와 산미에 권태를 떨쳐버리리!

가을

수년을 두고 그리던 지기知己를 패성浿城*에 맞아다가 능라도 버들 사이로 비쳐오는 달빛을 맞으며 흉금을 헤쳐 놓고 오랜 회포를 이야기할 때 줄기줄기 긴— 냉면을 물어 끊기 어려움이 그들의 우정을 말하는 듯할 때!

겨울

조선 사람이 외국 가서 흔히 그리운 것이 김치 생각이라듯이, 평양 사람이 타향에 가 있을 때 문득문득 평양을 그립게 하는 한 힘이 있으니, 이것은 겨울 냉면 맛이다. 함박눈이 더벅더벅 내릴 때 방안에는 바느질하시며 삼국지를 말씀하시는 어머니의 목소리만 고요히 고요히 울리고 있다. 눈앞에 글자 하나가 둘 셋으로 보이고 어머니 말소리가 차차 가늘게 들려올 때, "국수요—" 하는 큰 목소리와 같이 방문을 열고 들여놓는 것은 타래타래 지은 냉면이다. 꽁꽁 언 김치죽을

---

* 평양.

뚜르고 살얼음이 뜬 진장김칫국에다 한 젓가락 두 젓가락
풀어 먹고 우르르 떨려서 온돌방 아랫목으로 가는 맛!
평양냉면의 이 맛을 못 본이요, 상상이 어떻소!

—《별건곤》 1929.12

냉면

김남천

소설가이자 평론가.
KAPF의 중심 이론가로서
작가가 현실에 어떻게 대응해야
하는가를 끊임없이 고민하였다.
작품에 장편 〈대하〉와 작품집
《3.1운동》《맥》麥 등이 있다.

'냉면'이라는 말에 '평양'이 붙어서 '평양냉면'이라야 비로소 어울리는 격에 맞는 말이 되듯이 냉면은 평양에 있어 대표적인 음식이다. 언제부터 이 냉면이 평양에 들어왔으며 언제부터 냉면이 평안도 사람의 입에 가장 많이 기호에 맞는 음식물이 되었는지는 나 같은 무식쟁이에게는 알 수도 없고 또 알려고도 아니한다.

어렸을 때 우리가 냉면을 국수라 하여 비로소 입에 대게 된 시일을 기억하는 평안도 사람은 극히 드물 것이다. 나도 그 중의 한 사람이다. 밥보다도 아니 쌀로 만든 음식물보다도 이르게 나는 이 국수 맛을 알았을는지도 모른다. 어머니의 등에 업혀서 어른들의 냉면 그릇에서 여남은 오리를 끊어서

이가 서너 개 나나 마나 한 입으로 메밀로 만든 이 음식물을 받아 삼킨 것이 아마도 내가 냉면을 입에 대어본 처음일 것이다. 젖 먹다 뽑은 작은 입으로 이 매끈거리는 국수 오리를 감물고 쫄쫄 빨아올리던 기억이 있는지 없는지 가물가물하다.

누가 마을을 오든가 한때에 점심이나 밤참에 반드시 이 국수를 먹던 것을 나는 겨우 기억할 따름이다. 잔칫날, 그러므로 약혼하고 편지 부치는 날에서부터 예물 보내는 날, 장가가는 날, 며느리 데려오는 날, 시집가는 날, 보내는 날, 장가 와서 묵는 날, 가는 날에 이르기까지 언제나 이 국수가 출동한다. 이 밖에 환갑날, 생일날, 제삿날, 길사, 경사, 흉사를 물론하고 이 국수를 때로는 냉면으로, 때로는 온면으로 먹어 왔다.

심지어는 정월 열나흘 작은 보름날 이닦기엿, 귀밝이술과 함께 수명이 국수 오리처럼 길어야 한다고 '명길이국수'라 이름 지어서까지 이 냉면 먹을 기회를 만들어 놓았다. 지금 생각해 보면 평안도 사람의 단순하고 담백한 식도락을 추상할 수 있어 흥미가 새롭다.

속이 클클한 때라든가 화가 치밀어 오를 때 화풀이로 담배를 피운다든가 술을 마신다든가 하는 일은 흔히 있는 일이지만, 이런 때에 국수를 먹는 사람의 심리는 평안도 태생이 아니고는 좀처럼 이해하기 힘들 것이다. 도박에 져서 실패한 김에 국수 한 양푼을 먹었다는 말이 우리 시골에 있다. 이렇게 될 때에 이 국수는 확실히 술의 대신이다. 나같이 술잔이나 할 줄 아는 사람도 속이 클클한 채 멍하니 방안에 처박혀 있다간 불현듯 냉면 생각이 나서 관철동이나 모교毛橋* 다리 옆을 찾아갈 때가 드물지 않다. 그런 때 거리에서 친구를 만나,

"차나 마시러 갈까?" 하면,

"여보, 차는 무슨 차, 우리 냉면 먹으러 갑시다."

하고 앞서서 냉면집을 찾았다.

모든 자유를 잃고 그러므로 음식물 선택의 자유까지를 잃었을 경우에 항상 애끓는 향수같이 엄습하여 마음을 괴롭히는 식욕의 대상은 우선 냉면이다. 이렇게 되고 보니 냉면이 우리에게 가지는 은연隱然한 세력은 상당히 큰 것이라고 보지 않을 수 없다.

한방의는 냉면이 몸에 백해百害는 있을지언정 일리一利도 없는 식물이라 한다. 그런지 안 그런지 알 길이 없다. 일종의 보약 같은 것을 복용할 때 금기물의 하나로 메밀로 만든 냉면을 드는 수가 많은 것은 우리들의 주지의 사실이다.

국수를 먹고 더운 구들에서 잠을 자고 나면 얼굴이

---

* 과일을 팔던 모전毛廛에서 유래한 지명으로 지금의 서울 무교동, 다동 일대.

부석부석 붓고 목이 케케하여 기침이 나는 것도 사실이다. 냉면은 몸에 해로운 것인지도 모른다. 국수물, 다시 말하면 메밀 숭늉은 이뇨제로 된다.

트리퍼* 같은 걸 앓는 이가 냉면에 돈육이나 고추나 파나 마늘이 많이 드는 것은 꺼리지만, 냉면 먹은 뒤에 더운 국수물을 청해다 한 사발씩 서서히 마시고 앉아 있는 것은 이 탓이다. 은근히 물어보면 이것을 먹은 이튿날의 효과는 어떤 고명한 이뇨약보다 으뜸간다고 한다.

냉면은 물론 메밀로 만든다. 메밀로 만든 국수는 사려 놓고 십여 분만 지나면 자리를 잡는다. 물에 풀면 산산이 끊어진다. 시골 외에는 순수한 메밀로 만드는 국수는 극히 희소하다. 국수발이 질기고 끊어지는 않는 것은 소다나 가타쿠리** 가루를 섞는 탓이라 한다.

서울의 골목마다 있는 마른 사리 국수 또는 결혼식장에서 주는 국수 오리 속에 몇 퍼센트의 메밀가루가 들었는지는 우리들의 단언할 수 없는 바다. 나는 서울서 횡행하는 국수의 대부분은 옥수수 농매***나 그와 유사한 것이 아닌가 한다.

---

* tripper. 독일어로 임질.

** 일본말로 얼레지라는 식물. 뿌리에서 녹말가루를 채취한다.

*** 녹말을 가리키는 평안도 사투리.

이틀 사흘을 두었다가도 제법 먹을 수 있고, 얼렸다가도 더운 국물에 풀면 국수 행세를 할 수 있다. 이것은 국수가 아니고 국수 유사품이다. 평양냉면이나 메밀국수와는 친척간이나 되나 마나 하다.

선주후면先酒後麵*이란 말이 우리 시골에 있다. 소갈비나 구워서 소주를 마신 뒤에 얼벌하니 고추를 쳐서 동치밋국에 말아놓은 냉면을 먹는 맛이란 지내보지 않은 사람으론 상상할 수도 없는 기막힌 진미다.

냉면은 어느 계절에 먹는 음식일까? 평양이나 평안도 일대에선 점심이나 밤참은 언제나 냉면이니 사철 가리지 않고 언제든지 이것을 애호하는 셈이다. 요즈음 중독 사건이 각처에서 자주 일어나 여름에 냉면을 먹는 것을 도회지에선 꺼리지 않는가 한다. 나 자신도 여름에 서울서 냉면을 먹을 때엔 '고기가 변하지 않았나'를 단단히 따져보고 '고기국물이 상하지 않았나'를 여러 번 물어본 뒤에도 안심할 수 없어 상당한 각오를 하면서야 먹는다. 이런 각오를 하고 먹어도 그 맛이 감쇄減殺되지 않으니 그 맛은 과연 복어와 비길 정도인가 한다. 이랬거나 저랬거나 냉면은 겨울에 먹을 것이라고 나는

---

* 술을 먼저 마시고 면을 나중에 먹는 것.

생각한다.

겨울에는 온면이나 어묵장국을 애호하는 분이 많으나 이는 늙은이들이나 할 짓이다. 국수를 먹으면 바람을 켜고, 감기를 재촉하고, 기침을 유발시킨다 하여, 겨울에 천식이나 해수병咳嗽病*으로 몹시 고생辛苦하는 노인네들은 절대로 입에 대지 아니하고, 간혹 피치 못할 경우에는 냉면 대신에 온면이나 어묵장국을 먹는다. 웬만큼 국수 맛을 아는 사람은 한겨울嚴冬에 오히려 냉면 맛을 즐긴다. 혀를 울리는 쩌르르한 '전동치미' 국에 국수를 풀어놓고 돼지비계 같은 흰 잔디 쪽 위에 다대기를 얹은 것을 훅훅 들이켜는 맛이란 아닌 게 아니라 다른 계절에선 찾아볼 길이 없는 훌륭한 미각이다.

언젠가 우리 시골서 다섯 사람이 내기 화투를 하고 밤참을 주문할 때에 그 중 한 사람의 50 줄에 든 늙은 분을 위하여,

"다섯 그릇 중 한 그릇은 온면이오."

하고 말한 적이 있었다.

그랬더니 그 늙은이는 아무 말도 안하고 자리를 찼다. 휑하니 밖으로 나가는 것을 알아채고,

"아즈바니, 젊은 놈이 미쳐 실수했으니 눌려 보아 주시오."

해서 겨우 노염을 푼 일이 있다. 앉아서 그 분이 하는 말이,

---

* 기침이 많이 나는 병.

"임자네들이 날 병신 취급하는 바엔 아여 당초에 함께 장난을 칠 게 무언가" 운운.

그는 저 혼자 온면을 먹으랬다고 그것에 모욕을 느꼈던 것이다. 이런 일이 있은 뒤에는 국수를 주문할 때엔 연로한 분이 있으면,

"아즈바닌 무얼 하실까요?"

하고 은근히 묻는 일이 많아졌다.

"응, 난두 냉면으루 하시게"라든가 "난 요즘 기침이 나서 장국으로 하시게"라든가 하는 말이 나오게 되었다.

국수 꾸미, 다시 말하면 국수에는 무슨 고기를 쳐야 가장 맛이 나는 것일까? 흔히들 쇠고기牛肉와 돼지고기豚肉를 친다.

"수육 치구 한 그릇이오"라든가 "수육 치구 두 그릇이오" "살루 치구 두 그릇이오"라든가는 이를 말함이다.

사실 서울이나 평양에선 이 외의 꾸미를 맛볼 수는 없다. 나는 다행히 물오리고기, 닭고기, 노루고기, 범虎의 고기, 산돼지고기 등등을 쳐서 먹어본 일이 있으나, 무엇무엇 해도 냉면에는 꿩 이상 가는 것이 없다. 꿩보끼를 쳐서 동치밋국에 먹어본 적이 없는 이는 냉면에 대하여 말참견容喙할 자격이 없다. 꿩은 겨울에 나는 동물이다. 냉면 맛이 겨울에 나는 것은 이 때문도 아닌가 한다. 꿩고기 쳐서 냉면을 먹어보지 못한 겨울은 내게 있어선 지극히 불행한 겨울이다.

이번 평양을 들러 2박을 하는 동안 세 곳의 냉면집에서 다섯 그릇의 냉면을 먹었다. 질이 저하되었다. 서울 25전에 평양 15전이니 말할 것도 없거니와, 어떤 것은 서울 것만 못한 것도 있었다. 시골 와서 무려 열 몇 그릇을 먹었으나 꿩의 고기를 구할 길이 없으매, 국수 맛으로 입을 다셔 볼 길이 막막하다. 먹고 나서 입 다실 품이 없으매 마치 고향을 잃은 것같이 쓸쓸하고 서운하였다.

냉면과 인연 있는 어휘로 재미있는 것이 한둘이 아닐 게다. '전동치미' '다대기'* '수육' '살' '생저리' '밧드리' – 그러나 '못당추'란 서울말로 직역하면 '못고추'다. 고추를 못한다는 뜻이다. 10년 전 우리 학생 때엔 고추를 위주로 한 양념을 싫어하는 이는 내지인內地人**이라 하여 이것을 표시하는 말이 묘하게 되었더니 세상 형편時勢의 탓인지 그것이 '못당추'로 되었다.

"방안에 다섯이오. 하나는 못당추요."

나는 그 소리를 듣고 쓴웃음苦笑을 금할 수가 없었다. 냉면과 연줄을 갖는 것으로 '쟁반'이란 게 있다. 종이가 다 되었으며 자상하게 설명할 길이 없으나, 서울서도 우춘관

---

* 일본어로 '다진 양념'을 가리킴.

** 일본인.

같은 데서 한다. 그 맛은 보증할 수 없으나 '쟁반'의 의미를 미루어 보기에는 충분할까 한다.

—《조선일보》 1938.5.29; 5.31

김남천의 〈냉면〉 말미에 등장하는
우춘관' 사진이 흥미롭다. 얼핏 허름해
보이지만 우춘관은 1930년대 어름에
위세 깨나 부리던 사람들의 연회가 열리던
유명 음식점이었다. 그래서인지 음식점 앞에
인력거들이 늘어서 있다. 우춘관 간판 옆에는
상호에 버금가는 크기의 '냉면'冷麵 글자가
걸려 있다. 이 집의 대표 음식임을 알 수 있다.
김남천은 우춘관의 대표 음식으로 평양 향토
음식인 '쟁반'(어복쟁반)을 들고 있다.
우춘관을 경영하던 사람은 나비 박사로
유명한 석주명의 아버지 석승서였다.
석승서는 평양 사람이었다.

***

수필 〈냉면〉은 1938년 5월 《조선일보》 지면에 두 번에 걸쳐 실렸다. '평양 잡기첩'이라는 이름으로 김남천이 6회 연재한 글의 일부이다. 앞서 소개한 김소저의 〈사철 명물: 평양냉면〉과 더불어 대표적인 평양냉면 찬가로 꼽힌다. 김남천의 산문은 사람들이 품음직한 평양냉면에 대한 궁금증의 대부분을 해결해 주는 점이 미덕이다.

우선 평안도 사람의 냉면 사랑이 말을 배우듯이 태어나면서 저도 모르게 형성될 수밖에 없는 정경이 실감 있게 그려져 있다. 화가 날 때도 술 대신 냉면 사발을 들이켜고, 커피숍을 찾을 양이면 으레 냉면집을 찾았다는 게 믿기지 않을 정도다. 김소저의 글에서도 확인할 수 있듯이, 1920년대 후반이면 이미 냉면은 평양 사람들이 사철 즐기는 음식으로 자리 잡았다. 다만 겨울 냉면을 더 즐겼을 뿐.

김남천의 시대에 제대로 된 평양냉면은 순메밀로 만든 것이었다. 또한 꿩고기로 우려내는 육수를 최상으로 쳤다. 1930년대 후반은 일본제국주의의 전시동원체제가 시작되는 시점이다. 물자가 귀해지고 세태도 각박해지니 제대로 된 냉면을 맛보기 어려웠으리라.

냉면의 '고향'은 평양

'선주후면'先酒後麵 — 다시 말하면 술 먹은 뒤에는 냉면을 먹어야 한다는 말이 있다. 또는 평안도에 흔히 있는 말이지만 냉면은 겨울에 먹어야 그 진미를 알 수 있다는 말이 있다.

혹은 이러한 말이 어느 정도까지의 '냉면 식도락'의 취미를 표현하여 소주나 약주, 청주를 마셔 목이 컬컬해진 뒤에 배는 다소 고프나 밥알을 씹기에는 너무 건조하고 딱딱하여 훌훌 동치밋국에 냉면을 마셔보고 싶은 마음이나 또는 오동지섣달 기나긴 밤에 꿩고기, 동치밋국을 담아서 듬뿍 한 그릇 먹어낸 다음에 덜덜덜 떨면서 뜨뜻이 땐 아랫목에 이불을 둘러쓰고 드러누웠다가 그 이튿날 부석부석 부은 낯을 거울을 대하여 웃어보고 싶은 것도 그럴 듯한 취미이겠으나, 냉면의 미각은 아무래도 첫여름, 새로 심은 배추가 너울너울 밭을 건너가는 바람에 나부끼고 붉은 무가 제법 어린애 팔뚝같이 자라날 즈음에 평안도 산골로 치면 갓짠지를 섞어서 시금시금한 촛국을 사발에 듬뿍 뜬 뒤에 풋김치를 얹어놓고 젓가락을 휘휘 두르다 후룩후룩 들이마시고 사발냉수를 들이켜는 맛이야말로 냉면 국수의 세계적인 진가를 드러내는 시기라 할 것이다.

냉면이라면 그 위에 사람 이름에 성씨가 따르듯이 '평양'이라는 두 자가 붙게 되는데, 아마 냉면이 가장 많이 애식愛食되는 데는 물론 평양을 중심으로 하는 평안도 일대일 것이다. 냉면을 온면과 구별하지 않을 때에 그것을 국수라고 하는데, 국수라면 한자로는 국수麴需라고 쓸 것이라 하니, 이것은 중국의 소면素麵 등과 일맥 통하는 내력을 가져 혹은 2천 년 전 낙랑시대에 중국으로부터 수많은 문화와 풍속과 더불어 흘러 들어와서 평양 부근에 퍼지고, 그것이 점점 조선 사람의 구미에 추수되어 오늘날의 평양냉면을 이룬 것이 아닐는가. 냉면의 유래와 역사적 고찰을 민속학자나 고고학자에게 맡긴다 하더라도 여하간 냉면이 지방을 따라 미각을 달리하는 것은 사실일 것이다.

그리하여 평안도 시골로 들어가면 양푼이나 놋대접으로 국수 따로 국물 따로 김치 따로 세 그릇을 놓고 하나씩 하나씩 죽여 넣는 데서 '쾌재'를 부르는 자도 있고, 평양으로 나오면 대접 한 그릇에 겨자도 고추도 다 빼고 담박한 촛국에 왜간장을 쳐서 소다를 많이 넣은 꿋꿋한 소바*를 즐기는 사람도 있고, 서울로 올라오면 대부분 담박한 맛은 없어지고 간장국이 짬짬이 엉긴 것을 좋아하는 이도 있고, 이 냉면과는 달리 서울서 결혼식 때에 섞는 국수 혹은 설렁탕 등에 섞는 국수는 본래 메밀 냉면과는 판이하여 그 원료부터 다르다. 그러므로 입으로 씹으면 물적물적하여 진짜 국수 맛은 나지 않고 또한 동경이나 해외 등지에서 파는 것도 대개는 가짜이지만, 그대로 냉면 국수 혹은 평양냉면으로 인기를 끌고 있다.

여하튼 여름이 마루턱에 다다르고 무더위가 닥쳐오면 썩은 고기에서 생기는 냉면 중독 소동도 일어나 위험시기도 올 것이니, 이 한 달 동안이 냉면 미각의 최절정일 것이다.

—《조선중앙일보》 1936.6.4**

---

* 메밀국수를 가리키는 일본말.

** '미각의 초하初夏' 냉면 편'에 〈냉면의 고향은 평양〉이라는 제목으로 실린 글.

冷麵의 故鄕은 平壤

본바다 製品이 眞짜

冷麵 味覺의 絶頂은 三伏以前

中毒騷動은 腐肉에서

냉면篇

《조선중앙일보》에 실린 냉면 기사.
'냉면의 고향은 평양, 본바다 제품이 진짜'라는
글귀가 재미있다.

평안도는 냉면 나라

차상찬

개벽사 주간이자
《별건곤》《신여성》의
발행편집인을 지낸 언론인.
역사서와 시, 소설, 동화,
수필 등의 문학작품을
두루 남겼다

냉면이 평안도 음식물 중 명품이라는 말은 경성에서도 이미 배불리 들었다. 그런데 실제로 본즉 참 과연 명물이다.

요리법도 요리법이어니와 맛도 좋고 먹기도 퍽 잘들 먹는다. 어디를 가든지 별식도 냉면이요, 점심도 냉면뿐이다. 다시 말하면 평안도에는 냉면을 제외하고는 요리가 별로 없다 하여도 된다.

특히 평양은 냉면의 본산지로 냉면집도 많고 팔리기도 잘한다. 한 집에서 장사가 잘될 때는 하루 수입이 300원까지 된단다(한 그릇에 보통 15전). 나도 10여 일 동안에 20여 그릇을 먹었는데 냉면집에 갈 때마다, '서기고 살만토치소' '맛박어치소' '계모芥子도 주고 외집菹菜 한 그릇 주소' 하던 소리가 아직까지 귀에 쟁쟁하다.

—《개벽》 1924.9*

* 이 글은 차상찬이 청오靑吾라는 필명으로 평안남도 일대를 다녀와 쓴 기행문의 일부이다.

국수

백석 | 시인. 북방의 토속 방언이 생생하게 살아 있는 시로 큰 반향을 불러일으킨 일제강점기를 대표하는 시인. 음식을 소재로 한 시를 많이 썼다.

눈이 많이 와서
산엣새가 벌로 나려 멕이고
눈구덩이에 토끼가 더러 빠지기도 하면
마을에는 그 무슨 반가운 것이 오는가 보다
한가한 아동들은 어둡도록 꿩 사냥을 하고
가난한 엄매는 밤중에 김치가재미*로 가고
마을을 구수한 즐거움에 싸서 은근하니 흥성흥성 들뜨게 하며
이것은 오는 것이다

---

* 김치를 묻은 움막(평북 방언).

이것은 어느 양지귀 혹은 응달쪽 외따른 산 옆 은댕이 예데가리밭*에서

하룻밤 뽀오얀 흰 김 속에 접시귀 소기름불이 뿌우연 부엌에

산멍에 같은 분틀을 타고 오는 것이다

이것은 아득한 옛날 한가하고 즐겁던 세월로부터

실 같은 봄비 속을 타는 듯한 여름볕 속을 지나서 들쿠레한 구시월 갈바람 속을 지나서

대대로 나며 죽으며 죽으며 나며 하는 이 마을 사람들의 의젓한 마음을 지나서 텁텁한 꿈을 지나서

지붕에 마당에 우물 든덩에 함박눈이 푹푹 쌓이는 어느 하룻밤

아배 앞에 그 어린 아들 앞에 아배 앞에는 왕사발에 아들 앞에는 새끼사발에 그득히 사리워 오는 것이다

이것은 그 곰의 잔등에 업혀서 기러났다는 먼 옛적 큰마니가

또 그 짚등색이에 서서 재채기를 하면 산 넘엣 마을까지 들렸다는

먼 옛적 큰아바지가 오는 것같이 오는 것이다

---

* 산꼭대기 오래된 비탈밭.

아, 이 반가운 것은 무엇인가

이 희스무레하고 부드럽고 수수하고 슴슴한 것은 무엇인가

겨울밤 쩡하니 익은 동치밋국을 좋아하고 얼얼한 댕추가루를 좋아하고 싱싱한 산꿩의 고기를 좋아하고

그리고 담배 내음새 탄수 내음새 또 수육을 삶는 육수국 내음새 자욱한 더북한 샛방 쩔쩔 끓는 아르궅*을 좋아하는 이것은 무엇인가

이 조용한 마을과 이 마을의 의젓한 사람들과 살뜰하니 친한 것은 무엇인가

이 그지없이 고담枯淡하고 소박한 것은 무엇인가

—《문장》 1941.4

---

* 아랫목(평안 방언).

***

명태 창난젓에 고추무거리에 막칼질한 무이를 비벼 익힌 것을
이 투박한 북관北關을 한없이 끼밀고 있노라면
쓸쓸하니 무릎은 꿇어진다

시큼한 배척한 퀴퀴한 이 내음새 속에
나는 가느슥히 여진女眞의 살내음새를 맡는다

얼근한 비릿한 구릿한 이 맛 속에선
까마득히 신라 백성의 향수도 맛본다

백석의 시 〈북관〉北關 전문이다. 음식이 삶과 문화의 젖줄임을 이 짧은 절창보다 잘 대변하는 것도 없을 것 같다.

백석은 영문학을 전공한 모더니스트이면서도 빼어난 토속어로 우리 고유의 정서를 노래했다. 그는 특이하게도 음식을 소재로 한 많은 시를 남겼다. 〈국수〉는 그 가운데 하나다.

여기서 말하는 '국수'는 냉면이다. 평안도에서는 예전에도 지금도 냉면을 국수라고 부른다. 백석의 고향은 평양에서 멀지 않은 평안북도 정주다. 자연히 어린 시절부터 '함박눈이 푹푹 쌓이는' 한겨울이면 '꿩 사냥'도 하고, '삿방 쩔쩔 끓는 아르궅'에 가족과 함께 둘러 앉아 '아배

***

앞에는 왕사발에 아들 앞에는 새끼사발에' 모양으로 냉면을 즐겼을 것이다.

'겨울밤 쩡하니 익은 동치밋국을 좋아하고 얼얼한 댕추가루를 좋아하고 싱싱한 산꿩의 고기를 좋아'하는 '희스무레하고 부드럽고 수수하고 슴슴한 것'.

김소저가 노래한 '함박눈이 더벅더벅 내릴 때 '꽁꽁 언 김치죽을 뚜르고 살얼음이 뜬 진장김칫국에' 만 냉면을 '풀어 먹고 우르르 떨려서 온돌방 아랫목으로 가는' 정경, 김남천이 기억하는 '한겨울嚴冬에' '혀를 울리는 쩌르르한 전동치미 국에 국수를 풀어놓고 돼지비계 같은 흰 잔디 쪽 위에 다대기를 얹은 것을 훅훅 들이켜는 맛'의 세계 바로 그것이다.

평양랭면 제일이야

랭면 랭면 평양랭면
천하제일 진미로세
젊은이도 늙은이도
먼저 찾는 랭면일세
야, 참 맛도 좋다
한 그릇은 너무도 적어
왓하하하 옥류관은
평양의 자랑일세

랭면 랭면 평양랭면
천하제일 진미로세

신랑신부 랭면 들며
백년가약 맺는다네
야, 참 시원해라
두 그릇도 성차지 않아
왓하하하 옥류관은
민족의 자랑일세

랭면 랭면 평양랭면
천하제일 진미로세
우리 겨레 함께 들며
통일의 날 당겨오네
야, 참 멋이로다
이 세상에 하나뿐일세
왓하하하 옥류관은
내 나라의 자랑일세
평양랭면 제일이야
좋다

—나무위키

ⓒ최재영

평양 옥류관 복도에 설치되어 있는 텔레비전. 〈평양랭면 제일이야〉 노래가 흘러나오고 있다. 2015년 평양을 방문한 NK VISION 2020 대표 최재영 목사가 찍은 사진.

***

〈평양랭면 제일이야〉는 평양냉면을 주제로 한 북한 노래다. 북한 조선중앙텔레비전 연속극 〈옥류풍경〉의 주제가로 방영되었다.

평양냉면에 대한 자부심이 물씬 묻어난다. 평양냉면이 다시 매스컴의 관심을 사로잡으면서 노래의 인기도 치솟아, 해외에 진출한 북한 식당의 인기 레퍼토리라고 한다.

남한에도 냉면을 소재로 해 인기를 끈 노래가 있다. 가곡 〈냉면〉이다. 미국 노래 Vive la compagnie를 작곡가 박태준이 편곡하고 개사한 것이다. 서수남과하청일, 강병철과삼태기 등에 의해 대중가요로도 소개되었다.

한 촌사람 하루는 성내 와서
구경을 하는데
이 골목 저 골목 다니면서
별별것 보았네
맛 좋은 냉면이 여기 있소
값 싸고 달콤한 냉면이오
냉면 국물 더 주시오, 아이구나 맛 좋다

이 촌바위 혹하여 들어가서

***

냉면을 시켰네
한참이나 맛있게 잘 먹다가
재채기 나왔네
맛 좋은 냉면이 여기 있소
값 싸고 달콤한 냉면이오
냉면 국물 더 주시오, 아이구나 맛 좋다

한 오라기 콧구멍에 나오는 걸
손으로 빼냈네
또 나온다 줄줄줄 또 빼낸다
아직도 빼낸다
맛 좋은 냉면이 여기 있소
값 싸고 달콤한 냉면이오
냉면 국물 더 주시오, 아이구나 맛 좋다

2부

냉면의 역사를 보듬다

평양 찬샘골에서 유래한 평양냉면

고려시대 중엽의 일이다. 평양성밖에 자리한 찬샘골 마을 주막집에 달세라는 사람이 처가살이를 하고 있었다.

어느 날 그는 우연히 의암마을(지금의 평양 대동강구역 의암동)에 사는 백 살 먹은 장수노인을 만나 메밀수제비국이 건강에 아주 좋다는 이야기를 듣게 되었다. 달세 부부는 곧바로 메밀칼제비 장국을 만들어 팔기 시작했다.

달세 부부가 개발한 메뉴는 인기가 좋아 금세 준비한 면이 동이 나곤 했다. 툭하면 손님을 놓치는 것을 안타까워한 뒷집에 살던 연장공이 이듬해 봄 참나무 분통에 작은 구멍을 송송 뚫은 쇠판을 낸 기구를 만들어주었다. 통에 메밀 반죽을 넣고 손잡이를 누르면 반죽 오래기들이 쇠판 구멍을 통해 빠져나왔다. 면을 만드는 품을 줄일 수 있게 되고, 더 많은 손님을 받을 수 있었다.

한결 여유로워진 달세는 끓는 물에 면을 삶아 찬물에 헹군 다음 시원한 동치미 국물에 말아 먹어보았다. 그 맛이 가히 일품이었다. 사람들은 이 음식을 곡식 곡穀자에 물 수水를 붙여 '곡수'라 불렀다. 곡수는 나중에 국수로 이름이 바뀌었다.

신비한 박우물의 효험까지 담긴 달세네 '찬곡수'는 평양성 안에까지 소문이 자자해졌다. 그리고 마침내 '평양냉면'이라는 고려 특식으로 유명해졌다. 평양냉면이 유래한 찬샘골은 훗날 '냉천동'으로 불리게 되었다.

—조선중앙통신(국내 언론에 소개된 내용을 재구성)

***

평양냉면의 역사는 곧 우리나라 냉면의 역사와 궤를 같이한다. 냉면이 평안도, 더 좁히면 평양 지역에서 유래하였기 때문이다. 평양냉면의 원조인 북한(사회과학원 역사연구소 김지원 실장)에서 밝히고 있는 냉면의 역사는 고려시대 중엽까지 거슬러 올라간다.

고려를 방문한 송나라 사신 서긍* 은 "10여 가지 음식 가운데 국수 맛이 제일이다"는 글을 남겼다. 국수에 관해 우리나라에서 가장 오래된 기록이다. 우리보다 국수 문화가 발달한 중국 사람의 글이니 그가 음식을 분별 못했을 리는 없다.

다만 그것이 어떤 종류의 국수인지는 알 길이 없다. 지금도 북한에서는 냉면을 '국수'라고 부른다. 그렇다고 서긍이 말한 국수를 '냉면'이라고 추론하기는 무리겠지만, 《고려사》 등에도 국수에 관한 기록이 나오는 것으로 보아, 우리가 고려시대에 국수를 먹은 사실은 분명해 보인다.

냉면의 기원을 알려주는 또 다른 일설도 있다. 문화콘텐츠닷컴에 실려 있는 '재미있는 세시음식 이야기' 가운데 하나다.

---

* 중국 송나라의 문신으로 1123년 고려에 와 한 달간 개경에 머물렀다. 송나라로 돌아간 다음 《선화봉사고려도경》宣和奉使高麗圖經을 지었다.

***

최만석은 평안도 지역의 내로라하는 갑부이다. 그는 곡식 만 섬 가량을 거두어들일 만한 논밭을 가진 큰 부자이다. 특히 자신의 몸 관리에 심혈을 기울인다. 유독 겨울이 추운 평안도 지역에 사는지라, 최만석은 겨울에는 감기에 걸릴까 노심초사하여, 항상 따뜻한 음식을 먹고 따뜻한 옷을 입고, 적당한 운동으로 건강관리를 한다. 하지만 최만석은 겨울만 되면, 특히 한파가 몰아칠 때 지병에 시달린다. 그의 지병은 혈변과 피를 토하는 질병이다. 평소에는 꾸준히 건강관리를 하고 음식도 가려먹는데 겨울, 특히 유독 추운 날이 되면 그의 질병이 더욱 심해져 죽음의 공포를 느낀다. 올해도 어김없이 평안도 지역에 한파가 몰아쳤다. 평안도 지역 최고 부자인 최만석은 혈변을 보거나, 피를 토하는 병에 시달리게 된다.

이에 최만석은 전국의 의원들을 모아 자신의 병을 고치고자 한다. 생각 끝에 전국에 곡식 만 석을 걸고 자신의 질병을 고치고자 한다고 공고를 낸다. 그 소식을 접한 전국의 용하다는 의원들은 질병을 고치고 만 석의 곡식을 얻고자 최만석을 찾아온다. 용하다는 의원들은 각각의 지역에서 좋다는 귀한 음식들로 보양식을 만들어 최만석에게 가져오지만, 그의 지병을 고치는 데는 실패하고 만다. 그러던 어느 날, 평소 남달리 행동하고 독특한 처방과 해답을 제시하는 걸로 유명한 인근 지역의 허 의원이 질병을 고치고자 최만석을 방문한다. 그는 며

***

칠 동안 최만석의 상태와 평소의 생활습관 등을 꼼꼼히 따져보고 기록한다. 최만석은 다른 의원들과는 달리 어떠한 귀한 음식도 가져오지 않고 빈손으로 온 의원을 반신반의하지만 기다려 본다. 그런 며칠 후 허 의원이 처방을 내놓는다.

"아주 차가운 동치미 국물(무김치)에 찬 기운을 띤 메밀을 듬뿍 넣어 먹어 보십시오."

하지만 최만석은 이상하다고 생각한다.

'이런 추운 날씨에 차가운 음식을 처방하다니… 또 흔해 빠진 메밀로 어쩌겠다는 것인가…'

결국 허 의원을 의심하고 그의 처방을 받지 않는다. 그렇게 평안도 지역의 한파는 계속되고 최만석의 증세는 심각해져간다. 최만석은 며칠 전 이상한 처방을 내렸던 의원의 말대로 차가운 동치미 국물에 메밀국수를 만들어 넣어 먹는다. 다음날 최만석은 지병의 증세가 나타나지 않는 것을 알고 의아해한다. 혹시나 해서 추운 날씨에 다시 한 번 차가운 메밀국수를 먹고는 벌벌 떨지만, 점점 몸이 나아짐을 느끼고는 허 의원에게 보답을 하게 된다. 그 이후 평안도 지역에서는 차가운 동치미 국물에 차가운 메밀국수를 말아먹는 음식을 냉면이라고 했으며, 겨울철에 즐겨 먹는 음식이 되었다.

첫 기록 속의 냉면은 자장냉면

훤히 트인 높다란 집 너무도 좋은데 已喜高齋敞
더욱이 놀랍고 진귀한 이 맛이라니 還驚異味新
자줏빛 육수는 노을빛처럼 영롱하고 紫漿霞色映
옥빛 면발 눈꽃처럼 피었구나 玉紛雪花匀
한 젓가락 입안에 들이니 향긋한 미각이 감돌고 入箸香生齒
옷을 껴입어야 할 냉기가 전신을 휘감는다 添衣冷徹身
이로써 나그네의 시름에서 벗어나니 客愁從此破
고향으로 돌아가는 꿈 자주 꿀 일 없네 歸夢不須頻

—〈자장냉면〉*

* 조선 중기 문신 장유張維(1588-1638)의 《계곡집》谿谷集에 실린 시.

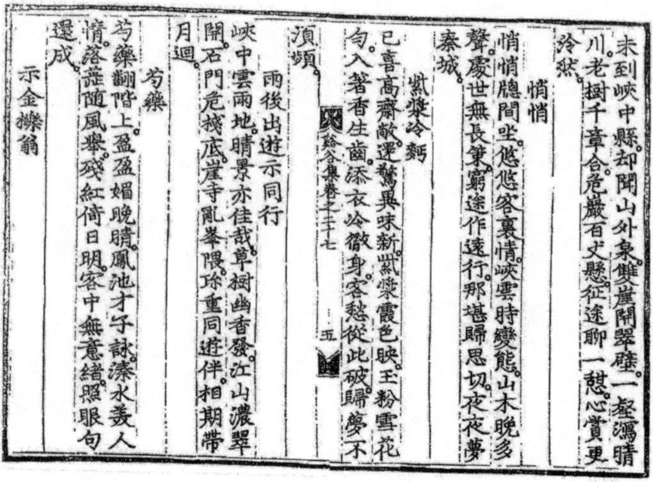

谿谷集 卷二十七

未到峽中縣。却聞山外泉。雙崖開翠壁。一壑瀉晴川。老樹千章合。危巖百丈懸。征途聊一憇。心賞更泠然。

悄悄

悄悄臆間坐。悠悠客裏情。峽雲時變態。山木晩多聲。處世無長策。窮途作遠行。那堪歸思切。夜夜夢秦城。

紫漿冷麪

已喜高齋敵。還驚異味新。紫漿霞色映。玉粉雪花勻。入箸香生齒。添衣冷徹身。客愁從此破。歸夢不須頻。

谿谷集卷之二十七 五

雨後出遊示同行

峽中雲雨地。晴景亦佳哉。草樹幽香發。江山濃翠開。石門危棧底。崖寺亂峯隈。珍重同遊伴。相期帶月迴。

芍藥

芍藥翻階上。盈盈媚晩晴。鳳池才子詠。溱水美人情。落蕊隨風擧。殘紅倚日明。客中無意緒。照眼句還成。

示金擇翁

기록에 등장하는 최초의 '냉면'은 장유의 문집 《계곡집》에서 찾을 수 있다. 《계곡집》 권 27에 냉면을 노래한 시 〈자장냉면〉이 실려 있다. 《계곡집》은 생전에 장유가 스스로 편집했던 것을 그의 사후(1643) 아들 장선징이 다시 편집 간행하였다.

***

'냉면'이라고 분명히 기록한 글은 조선 중기의 대문장가 장유의 시 〈자장냉면〉紫漿冷麪이 처음이다. 17세기 초에 쓰였으니 지금부터 대략 400년 전의 일이다.

전신을 휘감는 차가운 냉면의 특징을 잘 그리고 있다. 논란은 '자장'紫漿이 무엇을 뜻하는가이겠다. 《규합총서》閨閤叢書를 비롯한 조선 후기 문헌에 국수를 오미자 국에 만다는 대목이 보이는 데서, '자장'을 오미자를 우려낸 자줏빛 육수로 해석하는 게 일반적인 것 같다.

특이한 점은 냉면의 면麪자가 국수 면麵이 아닌 '밀가루 면'이라는 사실이다. 그렇다고 시 속에 등장하는 면이 밀가루로 만든 것이라고 단정하기는 어려울 것이다. 평양식 냉면인지 아닌지도 불분명하다.

이후 냉면은 《재물보》才物譜, 《규합총서》, 《진찬의궤》進饌儀軌, 《규곤요람》閨壼要覽 등의 기록에 등장한다. 북한 지역뿐 아니라 한양 일대에서도 유행하였음을 알 수 있다. 1843년 유만공이 한양의 풍속을 기록한 《세시풍요》歲時風謠에는 "냉면집과 탕반, 장국밥집이 길가의 권세를 잡고 있어, 다투어 들어가려는 사람들이 마치 권세가의 문전처럼 북적인다"고 쓰여 있다.

다산 정약용, 냉면을 부러워하다

서흥 도호는 너무도 어리석어 瑞興都護太憨生
조롱에 새 가두듯 방안에 기생을 가둬두고 曲房鎖妓如籠鸚
반죽 담뱃대에 금실 같은 담뱃잎을 金絲煙葉斑竹袋
기생 시켜 멋이라며 태워 올리네 倩妓燒進作風情
서도에 시월 들어 한 자 높이 눈이 쌓이면 西關十月雪盈尺
푹신한 담요에 이중 휘장 둘러쳐 손님을 잡아두니 複帳軟氍留欵客
삿갓 모양 냄비에서는 노루 고기 붉게 익고 笠樣溫銚鹿臠紅
길게 뽑은 냉면 가락에 배추김치 곁들인다네 拉條冷麪菘菹碧
조정의 은혜 듬뿍 입은 그대 집안 聖朝恩愛屬君家
나이 이십에 원님 된 일 뭇 사람의 감탄일세 二十專城衆所嗟

삼십에 부절符節 받고 사십 오십이 되었어도 三十分符至四五
여전히 젊은 얼굴 이제야 반쯤 핀 꽃 같구나 韶顔猶是半開花

—〈장난삼아 서흥 도호부사 임성운에게 주다〉*

---

* 조선시대를 대표하는 학자이자 실학자인 다산 정약용의 시. 정약용의 방대한 저술을 묶은《여유당전서》定本 與猶堂全書 속에 실려 있다.

***

정약용의 시 가운데 냉면이 등장하는 흥미로운 시가 있다. 황해도 서흥 도호로 부임하는 친구에게 장난하듯 써준 시다. 눈이 한 자나 쌓인 겨울 방안에서 노루 고기와 냉면을 먹는 모습이 그려져 있다. 18세기 말의 모습이다. 당시 화로에 숯불을 피워 놓고 고기를 구워 먹는 문화가 상당히 유행했다고 한다. 이를 난로회煖爐會 혹은 철립위鐵笠圍라고 불렀다. 그리고 입가심으로 냉면을 곁들였다. 오늘날 고깃집에서 후식으로 냉면을 먹는 풍습의 뿌리가 느껴진다.

서흥은 황해도의 한복판이다. 지척에 평양이 있고, 인근의 사리원도 냉면으로 유명하다. 철립위는 한양에서도 즐겼다니, 음식 가운데 정약용이 부러워한 것은 냉면이 으뜸이었을 것 같다.

평양에서는 당시 냉면이 크게 유행하였다. 정약용과 거의 같은 무렵 실학자 유득공이 박지원 등과 함께 평양을 여행하고 지은 《서경잡절》西京雜絶에는 가을이면 "냉면과 돼지 수육 값이 오르기 시작한다"고 적혀 있다. 그만큼 냉면이 널리 유행하였고, 또한 냉면을 겨울에 즐겨 먹었음을 알 수 있다. 조선 후기의 평양성을 그린 〈기성전도〉箕城*全圖에 '냉면가'(냉면집)가 표시되어 있을 정도다.

---

* 평양은 여러 별칭을 가지고 있는데, 그 가운데 하나가 기성箕城이다. 평양이 기자조선箕子朝鮮의 옛 수도였던 데서 붙은 이름이다.

***

19세기 초중엽 서울에서 생활한 조두순은 "이웃집 고운 여인네 새로 배운 음식 솜씨 뽐내니 평양냉면이 사람의 목구멍을 즐겁게 해주네"라고 노래하였다. 서울에서 냉면을 즐길 수 있었음에도 식도락가의 입맛에는 본고장 평양의 맛에는 미치지 못했던가 보다. 유만공의 글에 '길가 술집 군칠이집*'에서 "평양냉면과 개성 산적을 판다지만 그 맛 내기 어려우니 어이하겠는가" 하고 아쉬움을 토로하고 있는 것을 보면.

* 군칠이집은 18세기 중반 서울에서 가장 이름난 술집이었다. 그 명성이 자자하여 너도나도 군칠이집 이름을 걸고 술을 파는 바람에 19세기에는 술집 이름의 대명사가 되었다.

규장각한국학연구원 소장.

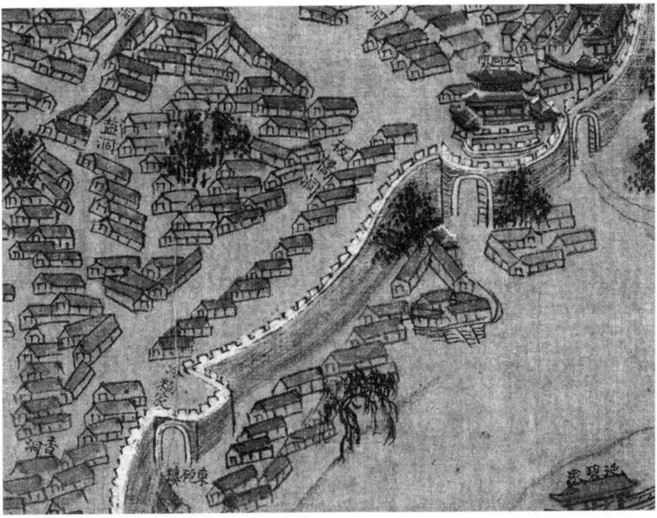

〈기성전도〉箕城全圖 속의 냉면집. 〈기성전도〉는 평양성의 번성했던 모습을 엿보게 하는 조선 후기의 회화식 지도이다. 대략 2백여 년 전의 모습으로 추론할 수 있으며, 대동문에서 가까운 대동강가 향동香洞에 냉면가冷麵家 표시가 뚜렷하다(61쪽 확대한 그림의 왼쪽 하단). 훗날의 냉면 거리도 대동문 앞에 형성되었다.

메밀국수의 등장

메밀국수를 무김치나 배추김치 국물에 말아 돼지고기 얹은 것을 냉면이라 한다. 그리고 온갖 종류의 채소에 배와 밤을 섞고, 쇠고기, 돼지고기를 잘게 썰어 기름과 간장을 치고 국수에 비빈 것을 '골동면'이라 부른다. 관서 지방의 냉면이 가장 맛이 좋다.

—《동국세시기》*

* 19세기 중반 홍석모가 연중행사와 풍속을 정리 설명한 세시풍속집.

조선 말기의 풍속화가 김준근의
그림 〈국수 누르는 사람〉. 압출기
위에 사람이 거꾸로 매달려 면발을
뽑고 있다. 메밀 반죽이 단단해 이처럼
힘든 노동이 필요했다. 형언할 수 없는
수고로움을 딛고서야 마침내 음미할 수
있었던 국수 한 그릇의 소중함을
새삼 깨닫게 된다.

***

1849년에 편찬된 《동국세시기》에 처음으로 메밀로 만든 냉면이 등장한다. 메밀국수를 김치 국물에 말아 돼지고기를 얹었으니, 고명에 대한 언급이 빠졌을 뿐 얼추 지금의 냉면 레시피와 별 차이가 없다. 여기서 말한 관서 지방의 중심은 평양이다.

언제부터 우리가 메밀을 재배하기 시작했는지 자세한 것은 알기 어렵다. 삼국시대의 주식은 기장, 조, 수수, 보리, 쌀이었다. 농경 기술이 발달함에 따라 차츰 쌀농사가 확대되고, 밭작물 가운데는 보리의 중요성이 높아졌다. 밀은 고온다습한 한반도의 기후 풍토에 적합하지 않아 많이 재배되지 않았다.

고려시대와 조선시대에 걸쳐 밀은 상당 부분을 중국에서 수입해 썼다. 자연 귀하고 값이 비쌌다. 국수가 잔치 때나 먹는 귀한 음식이 된 이유다.

밀의 대용품이 메밀이었다. 메밀은 척박한 땅에서도 잘 자랐다. 산간지방에서 널리 재배하였을 뿐 아니라, 가뭄이 들어 쌀농사를 망치면 대용작물로 메밀을 심었다. 메밀은 구황식물이었으며, 서민들과 친숙했다. 민간에서는 밀가루 대신 메밀가루로 국수와 냉면을 만들어 먹기 시작했다.

평양냉면도 이렇게 하여 탄생하였을 것이다. 가을에 메밀을 수확해 껍질을 벗겨내고 맷돌에 갈아 면을 만든 다음 동치미 국물에 말아 먹었다. 여유가 있는 집에서는 돼지 편육을 첨가하였다. 메밀을 수확하고 동치미가 익은 다음이니 한겨울이다. 《동국세시기》에서도 음력 11월의 세시 음식으로 소개하고 있다.

냉면 테이크아웃은 언제 시작되었나

순조 임금이 왕위에 오른 초기의 일이다. 한가로운 밤이면 임금은 늘 군직軍職에 있는 무관과 선전관宣傳官 등의 신하들을 불러 함께 달을 구경하였다. 어느 날 밤 군직에게 명하여 문밖으로 나가 면麵을 사오라고 하며 말하였다.

"너희들과 함께 냉면을 먹고 싶다."

한 사람이 스스로 돼지고기를 사가지고 왔으므로 임금이 어디에 쓰려고 샀느냐고 물었다.

그는 냉면에 넣으려는 것이라고 대답하였는데, 임금은 아무 대꾸도 하지 않았다. 이윽고 면을 나누어줄 때 돼지고기를 사온 자는 따로 제쳐두고 주지 않으며 말했다.

"그는 따로 먹을 물건이 있을 것이다."

곁에서 모시는 신하들이 자못 교훈으로 삼을 만한 일이다.

—〈측근 신하의 교훈〉*

---

* 조선 말기의 문신 이유원이 1871년 탈고한 《임하필기》林下筆記 속에 수록되어 있음. 《임하필기》는 중국과 조선의 풍물을 기록한 책이다.

***

어려서 왕위에 오른 순조 임금 즉위 초기의 일화다. 순조는 1800년에 왕위에 올랐다. 그러니 이 에피소드의 시대적 배경은 19세기 첫 무렵이 되겠다. 임금과 관련된 냉면 이야기도 재미있지만, 궁궐 문을 나가 냉면을 테이크아웃해 왔다는 게 한층 흥미롭다.

대한제국을 세워 외세에 맞서다 끝내 일제에 의해 폐위된 비운의 황제 고종은 냉면 마니아였다. 고종을 가까이서 모신 대령상궁 김명길의 저서 《낙선재 주변》에는 고종이 즐긴 냉면 이야기가 실려 있다.

고종이 냉면을 찾으면 나인들이 궁궐을 나가 대한문밖 국수집에서 사리를 사왔다. 면만 테이크아웃한 것이다. 고명과 육수는 궁궐 수라간에서 만들었다. 임금이 좋아하는 음식을 궁궐에서 모두 만들지 않고 밖에서 사온 이유는 그 시절에 그만큼 외식업이 발달했기 때문일 것이다. 또한 냉면 면발을 뽑는 과정이 매우 힘들었기 때문이기도 할 것이다. 메밀국수를 뽑기 위해서는 면자기麵榨機라고 하는 국수틀에 장정 두세 사람이 달라붙어 사력을 다해야 할 만큼 힘든 노동이 필요했다. 바로 반죽해 뽑아야 하는 메밀국수의 특성상 미리 국수를 뽑아둘 수도 없는 일이고 보면, 고종이 갑자기 냉면을 찾을 때는 하는 수 없이 밖에 나가 사온 게 아닌가 싶다.

고종 앞의 임금인 철종도 냉면을 좋아했다. 임금의 동정과 국사를 기록한 《일성록》을 보면 냉면과 전복을 과식해 체했다는 구절이 등장한다.

***

헌종 때 궁중 잔칫상에 냉면이 올랐다는 기록도 발견된다.

조선 후기 궁궐에서 냉면을 애식했음을 짐작하게 한다.

전국 요리로 진화하다

뉘라 국수 가락 교묘히 가늘게 뽑아내 誰飜佛飥巧抽纖
후추, 잣, 소금, 매실을 색색으로 얹어놓았는가 椒柏鹽梅色色兼
큰 사발에 담으니 살포시 오므라들더니 着八大椀盤縮緒
쌍젓가락으로 집으니 굼틀굼틀 따라오네 夾持雙箸動隨拈
한번 맛을 보니 뱃속이 놀라 깨어나는데 試嘗便覺偏醒胃
오래 들이켜느라 수염에 좀 묻은들 무슨 허물이리오 長啜何嫌薄汚髯
더욱이 세모의 찬 등불 아래이러니 況玆歲暮寒燈夜
별미의 진귀한 향기 배는 더하는구나 異味奇香一倍添

—〈관아 주방에서 냉면을 내왔기에 함께 품평하다〉*

* 고종 때 정선군수, 함안군수, 고성부사 등을 역임한 오횡묵의 시.

***

20세기로 넘어가는 문턱에 경상도 고성부사를 지낸 한 지방관의 시다. 관아 주방에서 자신이 좋아하는 냉면이 나오자 맛을 품평하며 시를 지었다. 오횡묵은 비일상적인 음식을 먹는 날은 일기에 기록을 남겼는데, 팔죽, 고깃국, 국수 같은 것이 그 대상이었다. 냉면도 그 가운데 하나였다.

고성은 경상도 해안가 고을이다. 북쪽 끝 평안도 음식을 국토의 남쪽 끝에서도 요리해 먹는 시대가 되었음을 알 수 있다.

냉면은 20세기 이전에 이미 전국적인 요리로 진화하고 있었다. 평안도 대부분의 주막에서는 냉면을 사 먹을 수 있었고, 요정이나 요릿집에서도 냉면을 제공했다. 냉면이 대중 음식으로 발전하는 데는 감자 재배가 영향을 끼쳤다. 메밀국수의 점성을 높여주는 녹말을 쉽게 얻게 되었던 것이다.

1873년 파거에 합격한 경북 예천의 선비 박주대는 파거(진사시) 시험을 보기 위해 서울에 올라와 머물던 시기의 가계부를 작성하였다. 그는 시험 발표 당일 술값과 냉면값으로 각기 3전씩을 지출하였다.

19세기 말 왕실과 관청에 그릇을 납품하던 공납업자 지규식이 쓴 《하재일기》에도 냉면을 먹은 기록이 남아 있다. 지규식은 1895년 4월에만 12일, 20일, 24일 세 차례 서울 종로통에서 냉면을 사먹었다. 서울시사편찬위원회에서 지규식의 일기를 번역 출간하며 요즘 물가로

***

환산한 것에 따르면, 당시 냉면 한 그릇은 8천 원 정도였다. 요즘의 냉면값 수준이다. 또한 그가 '냉면 그릇'을 주문 받았다는 기록도 들어 있다.

지규식은 가내수공업자 정도의 인물이다. 당시 일반 서민에 비해서는 여유가 있었겠지만, 그렇다고 상류층이라고 할 수도 없다. 어느 틈에 냉면이 길거리에서 사먹을 수 있는 대중적인 음식으로 자리 잡은 것이다.

오횡묵이 냉면을 먹은 시기는 한겨울이다. 이에 비해 예천 선비 박주대가 냉면을 사먹은 시기는 3월 말이다. 지규식은 4월이다. 19세기 말에 이미 한양에서 냉면은 겨울에만 사먹을 수 있는 음식이 아니었다.

냉면집 깃발이 철을 만난 듯

냉면집의 광고하는 갈게발이 벌써 봄바람에 펄펄 날리운다. 눈바람風雪에 손을 불던 일이 엊그제 같은데, '더워, 더워' 할 여름 소식이 전해 온다. 흐드러지게 핀 살구꽃도 어느덧 날아가면 가게 머리에 단 갈게발 행렬을 보는 일도 머지않을 것이다.

—《동아일보》 1921.4.20

봄을 보내는 여름 깃발. 냉면집 깃발이 철을 만난 듯.

—《동아일보》 1921.4.26

《동아일보》 1921년 4월 26일자에
실린 냉면집 갈게발 풍경.

***

19세기 말 개화의 물결과 함께 서울, 인천, 부산 등의 도시화가 진행된다. 평양도 마찬가지였다. 도시화와 인구 증가에 발맞추어 1910년대 초 평양 대동문 앞에 2층짜리 냉면집이 들어선 이래 대동문통을 중심으로 이내 수십 곳의 냉면집이 냉면 거리를 형성하였다. 1925년 평양 냉면집에서 일하는 노동자만 300명이 넘었다.

평양냉면은 1910년대 말 서울로 진출한다. 조선시대에 서울의 술집에서 팔던 냉면도 평양냉면을 배워 만든 것이었지만, 다시 새롭게 서울 진출 러시가 일어났다. 그 배경의 첫 손가락은 무엇보다도 서울 인구의 급격한 증가를 꼽아야 한다. 1910년대 초에 30만 명에 미치지 못하던 인구가 1930년대 중반이 되면 70만 명으로 늘어난다. 이와 같은 환경 속에서 설렁탕을 빼면 변변한 외식거리가 없던 서울에 평양냉면이 진군해 온 것이다.

흔히들 평양냉면의 서울 진출 시기를 1920년대 초쯤으로 알고 있지만, 유종석이 1917년 잡지 《청춘》의 현상 공모에 소설 〈냉면 한 그릇〉을 발표한 것을 보면 1910년대 중반쯤으로 올려 잡아야 할 것이다.

서울에 진출한 선봉은 평양 출신의 냉면 요리사들이었다. 당시 이름을 떨친 평양냉면집은 낙원동의 부벽루, 광교의 백양루, 돈의동의 동양루 등이었으며, 청계천을 중심으로 40여 곳이 몰려 있었다. 평양의 명소 이름에서 따온 '부벽루'는 평양냉면집임을 한눈에 알려주는 상호다.

***

이들은 냉면집임을 나타내는 갈게발(장대나 처마 끝에 매단 찢은 종이 깃발)을 집 앞에 내걸었다. 늘어선 냉면집 갈게발은 이국적이면서도 운치 있는 풍경을 만들어내었다.

냉면을 기방 문화와 연결해 설명하는 사람들이 있다. 아마도 옛 기록에 술과 함께 냉면이 등장하고, '먼저 술을 마신 다음 냉면을 먹는다'는 선주후면先酒後麵이라는 말 때문인 듯싶다. 대한제국이 멸망한 다음 궁중 요리 숙수였던 안순환은 궁에서 나와 고급 요정 명월관을 열었다. 그의 휘하로 궁중 요리사와 기생들이 모여들었고, 명월관은 높은 명성을 자랑하였다. 명월관에서 선보인 고종이 먹었다는 배동치미냉면도 당시 장안의 화제였다.

서울에 진출한 평양냉면은 더 이상 겨울 음식이 아니었다. 사철 먹을 수 있는 음식으로 진화하였을 뿐 아니라, 오히려 여름을 대표하는 음식으로 자리 잡았다. 그렇게 된 것은 무엇보다 얼음을 쉽게 구할 수 있게 되었기 때문이다. 1910년 우리나라에 처음으로 부산에 얼음공장이 생겼다. 어업이 발달한 항구도시에도 잇따라 하나둘 얼음공장이 생겨났다. 얼음은 이내 냉면집에 공급되기 시작하였다. 한여름에도 차가운 육수를 만들 수 있게 된 것이다.

한 걸음 더 나아가 1920년대가 되면 냉장고가 보급되기 시작한다. 냉장고의 보급은 여름철에 상하기 쉬운 돼지고기와 고기를 우려낸 육

***

수를 사용하는 냉면집에는 무엇보다 희소식이었다. 물론 규모가 작은 냉면집에서는 비싼 냉장고를 구입하기 쉽지 않았을 것이다. 식중독 사고가 자주 발생하자 급기야 모든 냉면집에 냉장고를 설치하라는 조치가 취해지기도 하였다.

자연스레 냉면의 본고장인 평양에서도 사계절 내내 냉면을 팔게 되었다.

냉면
레시피와
조리법

-냉면

좋은 무김치 말국을 대접에 부어놓고 국수를 더운물에 잠깐 잠갔다가 건져 물을 빼서 대접에 담고, 이제 맛있는 무김치와 배와 편육과 제육편육을 채 쳐 넣고 잠깐 섞은 후에, 또 이 위에 여러 가지 채 친 것을 남겼다가 위에 뿌리고, 또 알고명*을 채 치고 또 표고버섯, 석이를 채 쳐 기름에 볶아 뿌리고, 실백**을 뿌린 후에 설탕을 뿌려서 먹느니라.

---

* 달걀 흰자와 노른자를 가른 다음 따로따로 얇게 부쳐 잘게 썬 고명.
** 껍데기를 벗긴 알맹이 잣.

-동치밋국 냉면

동치밋국에 국수를 말고, 무와 배와 유자를 얇게 저며 넣고 제육 썰고 계란 부쳐 채 쳐 넣고, 후추, 실백자를 넣어 먹느니라.

—《조선요리제법》(1921)*

-냉면(겨울 냉면)

국수를 정하게 빨아서 즉시 건져 물을 다 빼어서 대접에 담고, 맛있는 김칫국을 붓고 제육을 얇게 저며서 칠 푼 길이 너 푼 넓이로 썰어 넣고, 김치는 채 쳐서 위에 얹고 고춧가루 뿌리고, 계란 부쳐 채 친 것 색스럽게 실백을 넣어 얹어 놓느니라.

-냉면(여름 냉면)

기름 없는 살코기로 맑은 장국을 끓여서 식히고, 고기는 섭산적을 만들어 구워서 다시 잘게 이겨놓고, 미나리를 한 치 길이로 잘라서 소금을 약간 쳐서 대강 절여서 꽉 짜가지고

* 방신영, 《조선요리제법》, 경성 광익서관, 1921.

기름에 볶고, 미나리 없을 때에는 외를 얇게 저며서 닷 푼 길이로 가늘게 채 쳐서 소금에 잠깐 절였다가 꽉 짜가지고 기름에 볶아서 놓고, 석이와 표고를 물에 정히 씻어서 채 쳐서 기름에 볶아놓고, 계란 황백미를 따로 얇게 부쳐서 닷 푼 길이로 썰어서 곱게 채 쳐서, 국수를 물에 속히 빨아 건져서 대접에 담고, 국물을 붓고 그 위에 여러 가지 양념 만든 것을 뿌려서 놓나니, 실백을 맨 위에 얹어서 놓느니라.

—《조선요리제법》(1934)*

* 방신영, 《조선요리제법》, 한성도서주식회사, 1934.

***

냉면은 어떻게 만드는 음식일까? 냉면 만드는 법에 관한 첫 기록은 아마도 빙허각 이씨가 1809년에 지은 《규합총서》일 것이다.

"동치밋국에 가는 국수를 만 다음, 무, 오이, 배, 유자를 저며 함께 얹고, 돼지고기와 계란 부친 것을 채 쳐 넣고 후추와 잣을 흩뿌리면 곧 냉면이다."

40년 뒤에 편찬된 《동국세시기》는 "메밀국수를 무김치나 배추김치 국물에 말아 돼지고기 얹은 것을 냉면"이라고 하였다. 고명에 대한 언급이 없다. 이보다 사오십 년 뒤에 쓰인 《시의전서》에는 동치미 냉면과 장국 냉면의 두 가지가 등장한다. 동치미 냉면은 《규합총서》의 내용과 대동소이하지만, "고기 장국 끓여 싸느랗게 식혀 국수 말고…"라고 설명한 장국 냉면이 눈길을 끈다.

20세기 초의 우리 요리를 집대성해 정리 소개하고 있는 대표적인 책은 방신영의 《조선요리제법》이다. 이 책은 상당한 인기를 끌어 여러 번 인쇄되었는데, 1934년판은 1921년판의 전면 개정판 형태를 취하고 있다. 1921년판은 냉면을 '냉면'과 '동치미 냉면'으로 구분하고 있다. 두 냉면의 핵심적인 차이는 국수를 '무김치 말국'에 마는가 '동치밋국'에 마는가이다. 그런데 1934년판에서는 '겨울 냉면'과 '여름 냉면'으로 구분법이 바뀐다. 겨울 냉면은 '김칫국'을 육수로 사용하는 데 비해, 여름 냉면은 '살코기로 끓인 맑은 장국'을 육수로 쓴다고 설명한다.

***

이로 미루어 보건대 19세기 말 무렵부터 고기 육수를 사용하는 냉면이 등장하였으나, 1920년경까지도 보편화되지는 않았던 것 같다. 하지만 1930년 무렵이면 여름에 먹는 냉면에는 으레 고기 육수를 사용하게 되었음을 알 수 있다.

이 같은 흐름 속에서 평양냉면의 레시피도 시대의 흐름에 따라 변하였다. 한마당에서 1989년 영인 간행한 북한판《자랑스런 민족음식》은 최근의 '평양냉면' 만드는 법을 이렇게 적고 있다.

"메밀가루와 감자녹말을 5대 1의 비율로 종조를 넣고 익반죽하여 분통에 넣고 눌러 사리를 만들고, 소, 돼지, 닭을 함께 삶아 국물을 내고, 웃기로는 김치, 삶은 고기, 달걀지단, 배, 실파, 실고추를 얹고, 겨자즙과 식초를 따로 낸다."

북한에서는 소중한 문화자산인 냉면의 전통을 유지하기 위해 국가 차원에서 레시피를 만들어 관리한다고 한다. 그렇다고 단 하나의 레시피로 고정되어 있는 것은 아닌 것 같다. 문헌에 따라 100% 순메밀을 사용한다고 하는가 하면 메밀의 양을 70%로 적고 있기도 하다. 최근에는 감자녹말의 배합 비율이 더 높아졌다. 자연스레 면의 색깔도 검은 빛을 띠게 되었다. 육수 만드는 법도 마찬가지로 변해 왔다. 꿩고기 육수를 최고로 치던 시기가 있었지만, 공급이 수요를 따라갈 수 없으니 이제 꿩고기는 거의 사용하지 않는다.

***

최근에는 녹차냉면, 회냉면 등 전혀 다른 레시피의 냉면이 등장하고, 사리원냉면, 해주냉면 등 다른 지역의 냉면도 전통을 되살리기 위해 애쓰고 있다.

동치미 국물 냉면은 별맛

동치미는 평양 지방의 이름난 김치 종류이다. 큰 독을 땅에 묻고 통무를 넣은 다음 양념고추는 많이 쓰지 않고 조기젓이나 새우젓 국물을 삼삼하게 해 넣어 담근다. 익으면 얼음같이 차고 시원하여 찡한 맛이 나는데 이것이 동치미의 고유한 맛이다. 게다가 상쾌한 향기가 나며 소화도 잘되는 특징을 가지고 있다.

동치미는 그 국물의 맛이 산뜻하고 시원하여 국물을 많이 해 넣었다가 메밀국수의 국물로 썼다. 동치미 국물로 냉면을 먹으면 별맛인데 유명한 평양냉면도 이 국물이 좋아야 제 맛이 난다.

—《조선의 사계절 민속》*

---

* 《조선의 사계절 민속》, 평양출판사, 2005.

***

평양냉면과 동치미는 떼려야 뗄 수 없는 관계다. 냉면 육수에 동치미 국물이 들어가기 때문이다.

그래서일까? 평양에서는 동치미 담그는 문화를 보존하고 발전시키기 위해 '동치미 경연대회'도 연다고 한다. 김치를 담그는 과정도 중요하지만 결국 맛으로 평가해야 하기 때문에, 11월에 경연을 시작해 동치미가 익은 다음 맛을 보고 동치미를 이용해 여러 가지 음식물을 만드는 과정까지 2단계로 나누어 두 달 가량에 걸쳐 진행된다.

일제강점기에 8도의 김장법을 소개한 기사(《동아일보》 1935.11.14)에서도 '내 고향의 자랑거리'라며 평안도 김장의 대표로 평양 동치미를 소개한 글을 찾을 수 있다.

"겨울에 평양냉면이라면 얼른 동치미를 생각하게 되는 것이니, 아랫목에 이불을 쓰고 앉아 덜덜 떨면서 동치미 국물에 냉면을 먹는 맛은 도저히 다른 데서 맛보지 못할 것입니다. 무슨 특별히 담그는 법이 있는 것은 아니요, 평양은 물이 좋고 웬일인지 다른 지방보다 무 맛이 다른데다가 날씨가 추우니까, 한번 익은 맛이 변하지를 아니하므로 그 맛이 그대로 보존되어 씩씩한 맛을 잃지 않는 것뿐입니다.

담그는 법은 경성 지방이나 다름없으나 대강 말하자면, 무를 특히 연하고 자름한 것으로 골라서 대가리는 자르되 꼬랑지는 자르지 말

***

고 씻어서 독에다가 삼십여 개씩 넣고, 소금을 두 대접 가량씩 뿌리면서 치름 너머 되거든 덮혀서, 이틀 지난 뒤에 물을 붓고 저어가면서 슴슴하게 간을 마치고, 양념은 붉은 고추를 씨를 빼 잘라놓고 생마늘을 큼직하게 썰어 그대로 넣거나 잘게 썰어 베헝겊에 싸서 넣거나 합니다.

파도 뿌리째로 넣었다가 익으려 할 때 건져버립니다. 동치미는 무가 많아야 맛이 더 있고, 또 언제나 무가 많이 남게 되니까, 꺼내 채쳐 무쳐 먹어도 좋고 찌개에 넣어 먹어도 좋습니다."

냉면 배달부의 천국

불경기 중의 냉면 대풍년

요사이같이 불경기가 글자 그대로 극도에 달해 있는 이때 장난이라면 기발한 장난이요, 일없는 이들의 미친 발광이라면 너무 심한 말일지 모르나, 하여간 뭇사람이 함께 아울러 꾸짖고 함께 웃을 극적 난센스 한 막이 경성에서도 중앙지대인 관훈동에서 생겼다.

지난 8일 오후 4, 5시경에 관훈동 ○○양복점 안에서는 주인과 그의 친우 사이에 내기가 벌어졌으니, 그것은 보통 우리들이 항용 가지고 노는 화투, 장기, 바둑, 마작류의 기술과 운을 필요로 하는 그러한 유의 도박이 아니요, 이야말로 31년도 최첨단적 아니 가장 업신여김을 당해야 마땅할 괴상한 내기였다.

소부르주아층에 속할 수 있는 그들은 벌써 기구器具가 필요한 그러한 도박에는 싫증이 났던지 한가한 자기네의 머리를 쥐어짜서 새로운 도박을 하나 생각해 내었다. 그것은 냉면 배달부 하나를 도박 기구 대신 그 사이에다 끼워놓고 거리야 여하튼 일시에 냉면 80그릇을 놋그릇에 담아서 등에 지고 자전거를 탄 후 조금도 쉬지 않고 그곳까지 배달해 올 수 있느냐 없느냐는 것이었다.

한 사람은 가져올 수 있다, 또 한 사람은 절대 될 수 없다는 것이 이 도박의 원인을 만들어주었다. 양쪽의 논쟁이 그 극에 달하자 제3자 하나를 내세워 직접 음식점에다 전화로 이에 배달 가부를 문의하였다.

불경기 여파로 한산하던 음식점에서는 귀가 번쩍 뜨여 앞뒤 경우를 가릴 새도 없이 즉시 될 수 있음을 역설하였다. 그래서 내기는 결국 본무대로 들어가게 되어 냉면 80그릇을 주문하였다.

음식점에서는 주문을 받기는 하였으나 진위를 확실히 알 수 없어 직접 사람을 보내 주문이 정확한지 확인하였다. 그리고 그 주문에 조금도 틀림이 없이 이쪽의 요구대로 되면 배달부에게 특별상금으로 음식값 외에 5원을 더 얹어주겠다는 고마운 조건까지 받아내고 돌아갔다.

그 즉시 음식점에서는 점원, 배달이 총동원되다시피 하여 냉면 80그릇을 만들어 배달부 중에서 제일 힘세고 실수 없는 사람을 선택하여 그에게 전 책임을 일임하였다. 그리하여 이 중책을 진 배달부는 양복점에서 쫓아온 검사원과 또 음식점에서 만일을 염려하여 따르는 수행원 몇 사람과 같이 자전거로 목적한 곳을 향하여 달렸다. 배달부의 힘 또는 그의 정성으로 어려운 배달이 순조로이 되었다.

이에 깜짝 놀란 사람은 양복점 주인과 그의 친우였으니, 분명히 못될 일을 억지로 시켜놓았음에도 불구하고 제대로 되었음에는 놀라지 않을 수 없었다. 그래서 어떻게 무슨 트집거리라도 찾아내려고 80그릇이나 되는 그 많은 냉면을 일일이 검증하고 그것도 부족하여 숫자까지 세어보았더니, 뜻밖에 도리어 한 그릇이 더 왔음에 더욱 놀래었다.

원래가 먹기 위하여 한 짓이 아니요 장난하기 위하여 한 것이라, 좁은 양복점은 당치 않은 냉면으로 양복을 가리울 만치 기현상을 이루어, 오고가는 사람들의 비웃음과 이야깃거리를 지어내었다.

—《별건곤》 1931.7*

* 요철생이라는 필명의 필자가 쓴 글로 잡지 《별건곤》에 실린 제목은 〈불경기 중의 냉면 대풍년〉.

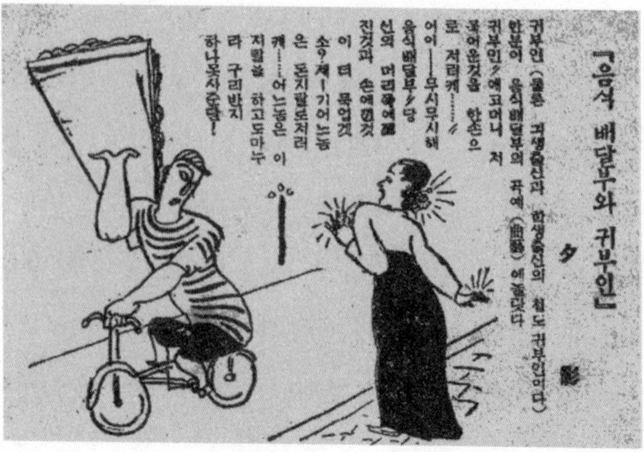

《조선일보》 1934년 4월 5일자에 실린 안석영의 세태만평. 허영심과 물질주의를 풍자하는 그림에 냉면 배달부가 등장하고 있다. 오늘날 세계에서 가장 성업중이라는 우리 음식 배달문화의 뿌리를 엿볼 수 있다. 한 손으로 음식 그릇이 가득한 목판을 받친 채 나머지 한 손으로 곡예하듯 자전거를 타는 모습이 이채롭다. 화가 나혜석도 음식 배달부를 그린 드로잉을 남겼다.

***

냉면집이 성업을 이루면서 규모가 큰 집은 직원이 이삼십 명에 이르렀다. 큰 냉면집일수록 직원들의 분업 체계가 잘 갖추어져 있었다. 물론 음식점 노동력의 핵심은 주방이다. 요리사들은 역할에 따라 반죽을 맡은 반죽꾼, 면을 삶는 발대꾼, 면을 찬물에 헹구는 앞잡이, 냉면 그릇에 고명을 얹는 고명꾼 등으로 나뉘었다. 재료를 다듬고, 설거지하고 홀에서 서빙하는 사람도 필요했다.

일제강점기 냉면집의 특색은 배달이었다. 오늘날 우리나라처럼 음식 배달업이 발달한 나라도 없을 것이다. 그 뿌리는 100여 년 전의 냉면 배달부에서 시작된다. 냉면 배달부를 지칭하는 '중머리'라는 말이 생길 정도로 이채를 띠는 직업이었다.

화가 나혜석과 신문 만평으로 유명한 안석영의 그림 속에서 우리는 중머리의 배달 모습을 생생히 볼 수 있다. 한 손으로 냉면 그릇과 주전자를 가득 얹은 목판을 받친 채 나머지 한 손만 가지고 자전거를 운전하는 모습이다. 냉면 80그릇을 배달했다는 글이 과장이 아닐 만큼 그림 속의 냉면 배달부 모습에서 예술적 경지를 느낄 수 있다.

MSG 냉면의 역사

아지노모토의 상술에 놀아나다

일본, 영국, 미국, 프랑스 전매 특허품, 이학박사 이케다 기쿠나에池田菊苗 선생 발명

- 차에 혼합해 마시면 하품 엽차가 고급 녹차
- 된장국과 각종 국에 넣으면 천하일품
- 찌개에 사용해도 마찬가지 감미로운 맛
- 간장에 혼합하면 향미 증진
- 식초를 식초답게 만들어주는 어디에도 비길 수 없는 맛
- 그러므로 피를 늘려주는 자양품이오

선천적인 아름다운 맛: 보리와 콩으로 정제한 순백의

《매일신보》에 실린 아지노모토 광고.
나라를 빼앗긴 우리는 아지노모토로 인해
입맛도 일본에 빼앗겼다. 아지노모토는 음식
맛을 좋게 해주는 신비의 보물일 뿐 아니라
자양강장제라고까지 선전하고 있다.
이들의 주공략 대상의 하나는 냉면집이었다.

분말이오니 각종 음식에 소량 넣으면 곧 선천적인 아름다운 맛이 생깁니다. 이것이 특색의 제1.

독특한 자양분: 신체에 가장 필요한 단백질 합성의 주성분이오니 자양이 풍부함은 다른 자양품에서 볼 수 없는 아지노모토만의 독특한 장점이라, 이것이 특색의 제2.

무한용도: 일본 요리, 서양 요리는 물론 채소 요리, 모든 반찬 등 용도에 제한이 없는 까닭에 가정과 여행 시에 상비하여 아름다운 맛을 더해 줌. 이것이 특색의 제3.

시간의 경제: 종래 사용하던 조미료에 비하면 시간과 비용을 줄여주므로 시간에 쫓기는 주부와 신속을 요하는 요리에는 가장 귀중한 보물이라. 이것이 특색의 제4.

—《매일신보》 1915.10.7

콩트 형태의 아지노모토 신문 광고
(《동아일보》 1936.6.25).
아지노모토를 치지 않은 음식은
먹을 수조차 없는 음식이라는 개념을
주입하고 있다. 광고는 '아지노모토를
쓰는 집'과 '안 쓰는 집'을 대비해
보여주는데, 사용하는 집에서는 부부가
밥상을 마주하고 이런 대화를 나눈다.
"마누라 음식은 언제든지 맛이 있거든!
참 재주 덩이리야!"
"아이, 날마다 놀리시네. 제 칭찬 마시고
아지노모토를 칭찬하세요."

***

일제강점기 우리의 미각에 가장 큰 영향을 끼친 것은 아지노모토味の素라는 화학 조미료였다. 일본에 나라를 빼앗긴 1910년 아지노모토는 한반도에 상륙해 우리의 맛을 지배하기 시작했다. 아지노모토는 시장에 등장한 초기부터 대대적인 광고 마케팅을 벌였는데, 그 덕분에 사람들에게 '신비스러운 맛'으로 받아들여졌다.

비교적 초기인 1915년의 신문광고에서 거의 문장으로 도배된 흥미로운 광고를 만날 수 있다. 음식의 맛을 좋게 해줄 뿐 아니라 건강도 증진시키는 자양강장제라니, 모두들 솔깃하지 않을 수 없었을 것이다.

아지노모토는 국물을 위주로 하는 냉면집과 설렁탕집에서 먼저 사용되기 시작하였다. 여름철 냉면의 가장 큰 어려움은 동치미 국물의 맛을 겨울처럼 신선하게 유지할 수 없고, 애써 만든 고기 육수가 쉬 상하는 점이었다. 그런데 냉면 육수에 아지노모토를 살짝 치니 고기 육수 비슷한 맛이 났다. 싼값에 쉽사리 육수를 만들 수 있었으니 뉘라서 유혹되지 않았으랴. 이로써 화학조미료 범벅이 된 냉면 육수가 만들어지고, 그 인공적인 맛에 예외 없이 길들여지게 되었다. MSG 냉면의 기나긴 역사는 오늘에도 이어지고 있다.

아지노모토는 특히 냉면집을 주공략 대상으로 삼았다. 평양을 시작으로 전국에 걸쳐 아지노모토를 판촉하기 위한 조직 '면미회'를 결

***

성하였던 것이다. 우리의 대표 음식인 냉면의 맛이 일본 조미료 회사의 손에서 놀아났다는 사실이 씁쓸할 뿐이다.

그들이 얼마나 집요하게 우리 일상에 파고들었는지는 콩트 형태의 1936년 신문광고가 말해 준다. 아지노모토를 치지 않은 음식은 먹을 수조차 없는 음식이라는 개념을 노골적으로 주입하고 있는 광고다. '아지노모토를 안 쓰는 집'에서 남편이 "이걸 어떻게 먹으란 말야! 오늘도 또 (아지노모토를 사용하는) 식당에 가서 먹을 수밖에 없지" 하며 밥상을 발로 차버린다.

눌러 먹고 사는 사람

그것은 다른 것이 아니라 여름의 냉면집이다. 평안도 같은 데는 여름보다 겨울 냉면을 더 맛이 있고 운치 있는 것으로 알지만, 서울에서는 여름철에 냉면을 많이 먹는다. 아니 평안도에서도 실제로 양으로 많이 먹기는 여름이다.

그것이야 어찌되었든 여름철에 눌러 먹고 사는 사람이야 냉면집밖에 또 무엇이 있으랴. 서울에도 지금은 냉면집이 해마다 늘어간다. 값으로 치면 어느 집이나 보통 15전이지만, 솜씨를 따라 맛이 각각이다. 연조로나 깨끗하기로는 종로 평양루가 몇째 안 가지만, 순평양식으로 닭고기가 많고 국물 맛 좋기는 무교정 진평옥이 제일일 것이다. 그러나 배달이 신속하지 못한 것이 한 흠이다.

국수를 누르는 방법도 평양식과 서울식이 다르다. 서울에서는 분공이 위에 여러 사람이 타고 앉아서 내리 누르지만, 평양에서는 사다리 같은 것을 놓고 한 사람이 분공이 위에다 등을 대고 거꾸로 매달려서 그 사다리를 한 칸 한 칸씩 발로 뻗디디며 누른다.

냉면 많이 먹는 나라 사람으로 아직까지 냉면 누르는 무슨 편리한 기계 하나를 발명하지 못한 것은 참 냉소를 보낼 일이다. 어떻게 누르든지 누르기는 누른다.

여름철에 눌러 먹고 사는 사람은 오직 그 친구들이다.

—《별건곤》 1931.7*

---

* 송작생이라는 필자가 쓴 글 〈진기! 대진기, 여름철의 8대 진직업〉의 일부.

일본 만화가 도리고에 세이키가 그린
《조선만화》朝鮮漫畵 속의 국수 만드는 모습.
《조선만화》는 1910년 경술국치 직전의
우리 사회의 모습을 엿볼 수 있는 자료다.
김준근의 풍속화와 엇비슷하다.

***

1930년대에 들어서니 평양에서도 겨울보다 여름에 팔리는 냉면이 더 많아졌나 보다. 그런데 글의 제목이 '눌러 먹고 사는 사람'이다. 냉면 국수 뽑는 사람을 가리키는 말이다. 냉면 국수를 뽑는 일은 몹시 힘든 노동이 필요해 아무나 할 수 있는 게 아니었다. 그래서 '여름철의 8대 진기한 직업'이라는 특집에 넣었을 것이다.

글쓴이는 평양식과 서울식의 국수 누르는 방법이 다르다고 말하고 있다. 더 재미있는 방식은 분공이 위에 등을 대고 거꾸로 매달려 국수를 뽑는 평양식이다. 불을 지피고 솥에서 국물이 펄펄 끓고 있는 부엌에 거꾸로 매달려 국수를 뽑아야 했으니 얼마나 힘든 노동이었을지 짐작하고도 남는다. 19세기 말에 활동한 풍속화가 김준근은 이 같은 모습을 그림으로 남겼다. 도리고에 세이키라는 일본인이 그림을 그려 1909년 펴낸 《조선만화》 속에도 같은 모양의 그림이 실려 있다. 이로 미루어 보면 평양식 방법은 평양 지역에만 국한되지 않고 국수를 대량으로 뽑아야 하는 곳에서는 꽤 널리 사용되지 않았나 싶다.

1930년대 초까지도 이 같은 방식이 국수를 제조하는 보편적인 방식이었던 것 같다. 하지만 일부에서는 일본에서 들여온 국수 뽑는 기계를 사용했다. 기계를 사용해 국수를 뽑는 방식이 보편적으로 사용되기 시작한 것은 1932년 함경도 사람 김규홍이 제면기계를 제작하면서였다. 《동아일보》(1932.6.29)에는 이 같은 상황을 알려주는 기사가

***

실려 있다.

함남 함주군 서호에서 철공업을 하는 김규홍 씨는 일찍이 조선 국수 냉면 기계의 제조에 전력을 기울여 그 완성을 보는 즉시 전매특허를 출원중인바, 요즈음 출원 허가 통지를 받게 되었다. 전매특허권을 갖게 된 김규홍 씨는 함주군의 철공소를 원산으로 옮겨오는 동시에 철공소를 크게 확장하고 지금 기계 제조에 몹시 바쁜 나날을 보내고 있다.

이 기계의 특징은 한 사람의 절반 힘으로 재래식 제면기의 3배 이상의 속도로 국수발까지 보면서 작업을 할 수 있고, 기계의 크기가 아주 작아 좁고 낮은 장소에도 설치할 수 있으며, 재래식 제면기에 비해 특히 위생적이다. 3개월만 사용하면 인건비 절약으로 본 기계 두 대를 살 수 있다."

서울냉면

평양냉면, 해주냉면 다음으로 서울냉면을 손꼽을 만큼 이제는 서울냉면이 냉면 축에서 버젓하게 한몫을 보게 되었습니다. 그러나 경성냉면은 말하자면 평양냉면의 연장에 지나지 않습니다. 입 까다로운 서울사람들의 미각을 정복해 보려고 평양냉면 장사들이 일류 기술자 — 냉면의 맛은 그 기술 여하에 달렸습니다 — 를 데리고 경성으로 진출하기 시작하여 이제는 움직일 수 없는 굳은 지반을 쌓아놓았습니다. 여름 한철 더군다나 각 관청 회사의 점심시간이면 냉면집 전화통에서는 불이 날 지경입니다.

아무리 배가 고프고 성미가 급한 분이라도 일단 냉면을 주문한 이상에는 한 20분 기다릴 각오가 필요합니다. 냉면은 다른 국수와 달리 주문을 받고서야 비로소 반죽을 해서 국수를 눌러 빼는 까닭에 자연히 안 늦을 수가 없습니다. 이에 반죽을 해두든지 국수를 만들어 두면 어떠냐고 하실 분이 있을지도 모르나 그것은 모르시는 말씀입니다. 냉면의 쫄긴 맛은 즉석에서 국수를 빼내는 데서 생기는 것입니다. 그러기에 일찍 만들어 오는 냉면일수록 맛이 없는 법입니다.

냉면의 재료는 메밀과 웅이 가루로 여기에다 식용 소다를 쳐서 이긴 반죽을 씁니다. 그런데 이 반죽 여하에 국수의 맛이 달려 있는 것입니다. 메밀과 웅이 가루를 섞는 분량이라든지 물을 치는 양, 반죽하는 손놀림, 국수 빼내는 방법 등이 국수의 맛을 결정하는 것으로, 이것은 하루이틀에 되지 않는 순전한 기술 문제입니다. 그러기에 냉면 맛을 결정하는 것은 반죽하는 사람의 솜씨 여하에 달린 것입니다.

해마다 여름이면 냉면 중독 사건이 곳곳에서 일어납니다. 사실 여름철 냉면은 까닥하면 배탈을 일으키기 쉽고, 심하면 중독을 일으키게 되는 것입니다. 그러니 이것은 냉면이 나쁜 것이 아니라 고명으로 얹은 돼지고기가 나쁜 것입니다. 돼지고기는 원체 상하기가 쉬운 고기인 까닭에 조금만 간수를 잘못하면 곧 프토마인 중독을 일으키게 되는 것으로, 냉면 중독 사건의 십중팔구는 대개가 이 돼지고기로 인한 프토마인 중독 때문에 생기는 것입니다.

여름철 냉면은 시원한 맛에 많이들 먹지만, 그러나 정말 냉면의 맛을 보려면 겨울 냉면이 제일입니다. 시원한 동치미 국물에 만 동치미 냉면이야말로 한 번 먹으면 인이 박이고 마는 기막힌 것입니다. 추운 겨울날 찬 냉면 맛도 별맛이려니와, 냉면을 먹은 뒤의 구수한 더운 국수물 맛도 또한 각별한 것입니다.

—《매일신보》 1936.7.23*

* 《매일신보》 '여름의 식욕' 시리즈에 실린 글로 제목을 고쳐 달았다.

***

1930년대 중반이 되자 냉면은 서울에서도 가장 유명짜한 음식이 되었다. 경성(서울)냉면은 비록 평양냉면을 받아들여 형성된 것이긴 하지만, 평양냉면에 버금가는 위치에까지 올라섰다.

평양과 달리 서울 냉면의 제철은 여름이었다. 전홍진이 1935년 7월 《동아일보》에 쓴 수필 〈종로〉에는 "드르릉 냉면 그릇이 아스팔트의 열기와 싸우며 줄달음칩니다"라는 구절이 보인다. 한여름 냉면 배달부의 모습을 그린 것이다. 모던 보이, 모던 걸들은 말할 것도 없고 평범한 사람들의 일상에까지 냉면은 깊이 파고들었다.

냉면이 외식 음식으로 사랑 받았음은 두말할 필요가 없다. 하지만 한편으로는 일제의 약탈적인 식민지 정책 역시 냉면 시장의 확대에 단단히 한몫 거들었다. 일제는 쌀이 부족한 일본으로 쌀을 반출해 가면서 보리와 콩을 비롯한 잡곡의 소비를 장려하고, 심지어 대용식으로 냉면을 권장하기까지 했다.

당시의 냉면집들은 오늘날과 같은 냉면 전문식당은 아니었다. 국밥, 냉면, 만두, 고기, 술을 함께 파는 집들이 많았고, 여름에는 냉면을, 겨울에는 탕반을 주메뉴로 하였다.

해방이 되고 6·25가 일어나면서 기존 냉면집의 지형에는 큰 변화가 발생한다. 북한에서 냉면집을 운영하다 남으로 내려온 사람들이 냉면 외식시장을 석권한 것이다. 새로 문을 연 냉면집들은 실향민들의

***

모임 장소이자 고향에 대한 향수를 달래는 곳이었다. 이들의 명성이 높아질수록 기존 냉면집들은 위축되고 사라져갔다.

이 시기에 평양냉면뿐 아니라 함흥냉면이라는 새로운 냉면이 등장한다. 함흥에서는 농마국수라고 불리던 것이 함경도 실향민들에 의해 함흥냉면으로 재탄생한 것이다.

냉면은 평화의 상징

지난 금요일 역사적인 남북 정상 회담이 끝난 후, 모호함이 내재된 한반도의 평화와 비핵화를 위한 선언 외에도 양측은 한 가지 사실에 더 동의하였다. 그것은 평양에서 가져온 냉면이 맛있었다는 점이다.

북한 지도자 김정은은 문재인 대통령을 대접하기 위해 평양에서 가장 유명한 식당의 주방장을 데려왔으며, 두 사람이 처음 만난 곧바로 소박한 국수 요리는 뉴스의 초점이 되었다.

"오기 전에 보니까 오늘 저녁 만찬 음식을 가지고 많이 이야기하던데, 어렵사리 평양에서 평양냉면을 가지고 왔습니다. 대통령께서 편한 마음으로 맛있게 드셨으면 좋겠습니다."

김 위원장은 자신과 문 대통령이 본회의에 들어가기 전의 모두 발언에서 이같이 말했다.

핵무장한 지도자가 즐기는 음식, 너무 유혹적인 아이디어였다. 김 위원장은 분명 미식가의 한 사람이다. 그래서 나는 서울에 있는 미슐랭에 등재된 음식점을 찾아 냉면을 맛보기로 하였다.

그런 생각을 한 것은 나뿐만이 아니었다. 1950년부터 53년까지 지속된 한국전쟁이 발발하기 4년 전에 개업한 우래옥은 영업 시작 시간부터 벌써 사람들로 넘쳤다. …

"이제 평화의 상징이 바뀌었다. 비둘기가 아닌 평양냉면이다."

《코리아헤럴드》는 한 네티즌의 말을 이같이 전하고 있다.

—《가디언》 2018.7.1*

* 영국의 유력 신문 《가디언》에 벤자민 하스 기자가 쓴 글의 일부.

***

2018년 4월 27일 남한과 북한의 최고지도자는 분단의 상징인 판문점에서 정상회담을 개최하고, 한반도의 비핵화와 전쟁이 없는 평화의 시대를 열어갈 것을 선언하였다. 이 역사적인 회담에서 또 하나의 주역으로 등장한 것은 평양냉면이었다.

북측은 만찬에 쓸 냉면을 요리사와 함께 평양에서 공수해 왔다. 남북한 정상을 비롯한 만찬 참석자들이 냉면을 먹는 모습은 실시간 전파를 타며 세계의 이목을 끌었다. 남과 북의 국민들은 평화와 번영의 시대가 올 것을 환호하며 '평화의 상징'이 된 냉면을 맛보기 위해 냉면집 앞에 길게 줄을 섰다.

냉면은 남북회담과 인연이 깊다. 백범 김구가 1948년 평양을 방문했을 때 평양냉면집을 찾았다는 일화가 남아 있을 뿐 아니라, 1972년에 열린 남북적십자회담을 전후해 냉면 붐이 일었다. 2000년대 들어 활발해진 남북교류에서도 남측 방문단이 평양을 방문하면 으레 옥류관을 비롯한 냉면집을 방문하는 게 상례였다.

2018년 정상회담의 요리사들은 평양 옥류관 소속이라고 한다. 1961년 문을 연 옥류관은 본관에만 2천여 명을 수용하는 평양냉면을 대표하는 음식점이다. 평양에서는 냉면 전문점들이 맛을 겨루는 '국수경연대회'도 열린다는데, 옥류관과 청류관이 쌍벽을 이룬다고 한다.

그 외에도 저마다의 맛을 자랑하는 명물 식당이 여럿이다. 청춘관,

***

송산식당, 평남면옥, 평천각 같은 식당들이다. 고려호텔 1층에 있는 냉면집을 최고로 치는 마니아들도 있다. 조만간 평양 시내 냉면집을 순례하는 '평뽕'들이 등장하지 않을까 싶다.

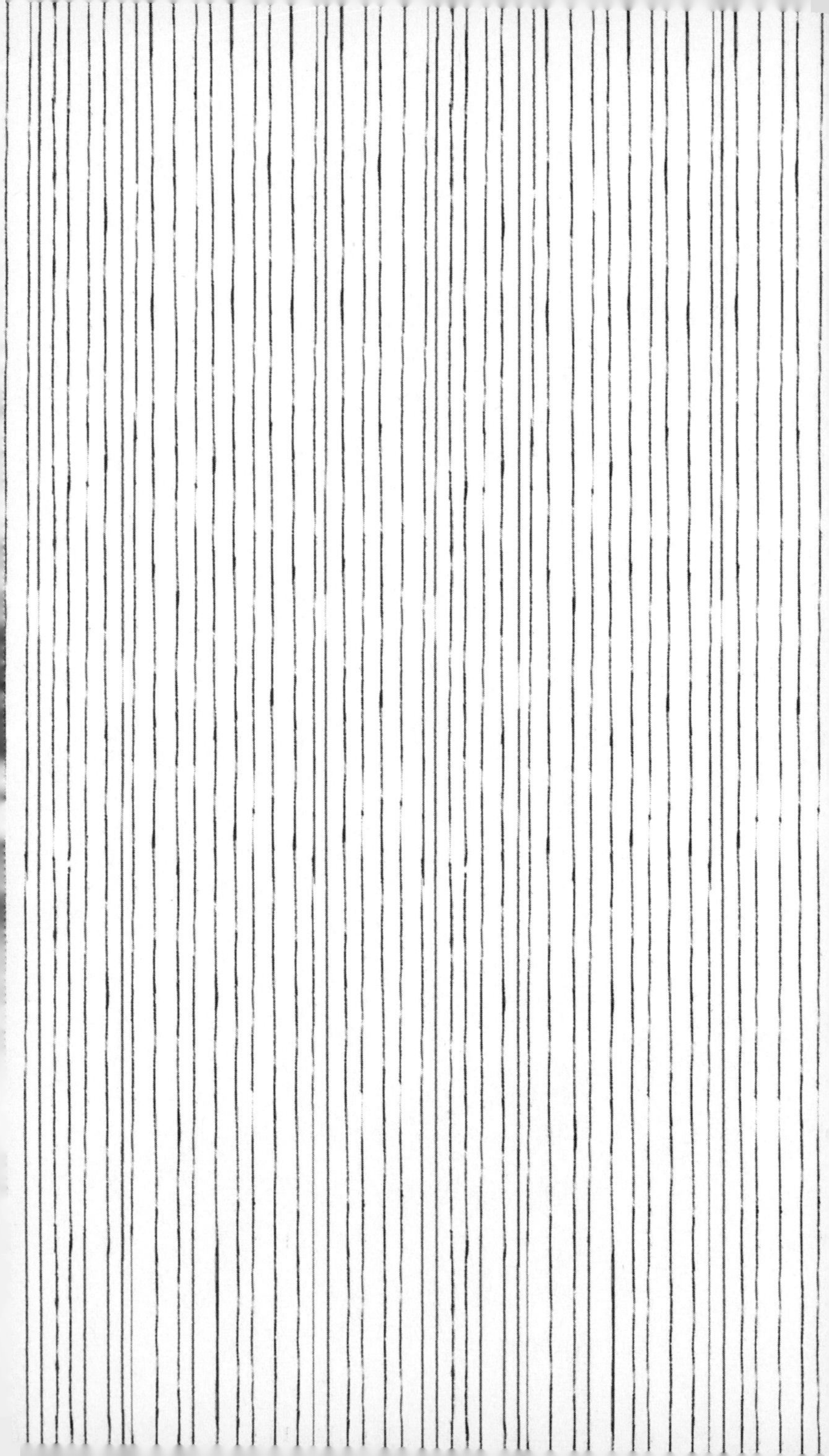

3부

냉면, 문학이 되다

냉면 한 그릇

유종석

1917년 최남선이 주재하던
잡지 《청춘》 현상 공모에
〈냉면 한 그릇〉이 당선되었으며,
언론인으로 활동함.

흐릿한 날이 우중충하게 저물어간다. 서대문 안 어느 냉면집 방에는 수삼 인의 손이 냉면 들어오기를 기다리고 앉았다.

그 중 두 사람은 화려한 의복, 고운 장식으로 한껏 치레를 하고 떡 버티고 앉아서 굵은 목소리로 지껄이고, 그 옆으로 행색이 초솔한 한 시골사람이 있다. 이 사람은 경성에서 머지 아니한 어느 시골 농가의 생장生長이요, 성명은 김승종이라 한다. 원래 빈한한 집에서 생장하였으나, 학문을 닦아 훌륭한 사람이 되겠다는 큰 뜻을 품고 2, 3년 전에 경성에 올라와서, 토지조사국에서 낮에 일하고 모 야학교에 통학하며 되도록 검소질박한 노력적 생활을 하였더라.

그러나 슬프다! 이 냉락冷落한 세상은 그에게 행복의 성공을 주고자 아니함인지! 불행히 재작년 여름에 부친의 병환 소식을 듣고 내려갔더라.

내려간 후 얼마 지나지 않아 부친은 멀고 먼 황천의 길을 떠나고 홀로 된 모친과 어린 동생을 데리고 일가를 유지하여 하루하루씩 한 많고 설움 많은 생애를 보내더라.

금번에 여러 가지 볼일로 서울을 나오매, 그 전에 보던 서울은 조금도 변한 것 없이 인물은 번영하고 차마車馬는 복잡하여, 아무래도 대도회의 번화, 신문명의 광채가 완연하다. 전차는 쏴—, 자동차는 뿡! 뿡!, 빈틈없이 통행하는 자전차는 따르릉 따르릉, 오고가는 행인은 모두 찬란한 의복에 의기양양하다.

한참 이 광경을 보다가 자기의 몸을 돌아보니 굵다란 무명옷에 때 묻은 운동모자라, 한편으로는 남의 모양이 부럽기도 하고 자기의 행색이 부끄럽기도 하다. 또 한편으로는 매일매일 이 가로로 왕래하는 몇 천 명, 몇 만 명 사람이 이 경성이란 소천지 안에서 무엇을 하여 저렇게 사치스러운 생활을 할 수가 있는가 하는 생각도 일어나고, 또 한편으로는 왜 나는 저 사람들처럼 활사회活社會에 활동할 능력이 없고 그 쓸쓸하고 적막한 산촌에서 일생을 지내는가 하는 신세한탄도 일어난다.

어느덧 볼일을 못다 보아서 해는 모랑모랑 저물어간다. 혼잣말로,

"에이— 오늘로 내려가자고 하였더니 볼일을 못다 보고 해는 저물었으니 어떻게 하나. 할 수 없다. 저녁이나 한 그릇 사먹고 ○○○ 집이나 가서 자야 하겠다."

저녁 겸 냉면을 사먹으로 들어왔다.

한편 구석에 자리를 정하고 앉았노라니 한참 있다 냉면을 가져왔다. 수저를 잡고 두서너 술 떠먹을 사이에 문득 재작년 여름에 시집간 자기의 누이에게서 온 편지에,

"이애! 아무 짓을 하여서라도 부친 공양 잘할 도리를 하여라. 수일 전에 내가 집에를 가니까 늙은 아버지께서 그 맛없는 보리진지麥飯를 잡숫는 것을 보고 와서는 이때껏 마음이 풀리지 못한다."

하는 구절이 생각된다.

아— 아버지께서는 그 애옥살이를 하시고 보리진지를 잡수시다가 인해 세상을 버리셨구나. 그래도 이 못된 나는 출세를 하느니, 입신을 하느니 하고 나와 있어서 제법 맛있는 음식, 빛있는 의복 한 가지를 못해 드리고 알뜰히도 불효만 끼쳤지!

보리진지를 잡수시다가 돌아가신 부친의 검고 늙은 얼굴이 한 번 눈앞에 보이고, 자기가 냉면 한 그릇이라도 사서 먹는

것이 죄가 되는 것 같다. 한편으로는 왜 내가 여생이 며칠 못 남은 부친을 내버리고 경성에 올라와 있었던고 하는 후회의 마음이 솟아나서, 그만 더운 눈물이 앞을 가린다.

마침내 그 냉면 한 그릇을 설움에 받쳐 먹지 못하고 말았다. 흘러내리는 두 줄 눈물을 누가 볼세라 이리 씻고 저리 씻고 일어서서 냉면값을 치러주고 나왔다.

냉면집 영감은 영문도 모르고,

"왜—그만 잡수고 나가십니까?"

어느덧 황혼이 되어 시가는 어둑어둑한데 집집이 저녁 등불이 켜졌다. 어쩐 일인지 마음이 창연하여지고, 이 세상일이 모두 신산스럽고 귀찮고 슬프고 한스럽다. 저물어가는 시가에 수레바퀴 소리 요란히 들리고, 길가에 앉은 사람들은 무슨 이야기를 지껄지껄한다.

—《청춘》 1917.9

***

〈냉면 한 그릇〉은 냉면을 소재로 한 우리나라 최초의 근대소설이다. 음식 전체로 확장해도 마찬가지다. 결국 〈냉면 한 그릇〉은 음식을 소재로 한 우리 최초의 근대소설인 셈이다. 음식을 연구하는 이들 가운데도 이 소설을 주목하는 경우는 거의 없는 것 같다. 아마 존재 자체를 몰라서 아닌가 싶다.

으레 거론되는 것은 이 글 다음에 실린 김랑운의 소설 〈냉면〉이다. 〈냉면〉은 서울에 냉면집이 상당히 보편화되었다는 근거로 인용된다. 발표된 시기는 1926년이다. 따라서 1920년대 중반이면 서울에도 냉면집이 성업하고 있었다는 이야기가 되는 것이다. 하지만 같은 논지에서 보자면 그 시기를 10년 가까이 올려잡아야 할 것 같다. 〈냉면 한 그릇〉이 발표된 게 1917년이기 때문이다.

〈냉면 한 그릇〉은 당시 가장 영향력이 큰 학자이자 언론인이었던 최남선이 주재하던 《청춘》 현상공모에 당선되어 잡지에 실렸다. 문학사적으로는 신소설에서 근대소설로 넘어가는 과도기 소설에 해당한다.

소설에서 눈에 띄는 대목은 냉면집의 위치를 '서대문 안 어느 냉면집'이라고 하고 있는 점이다. 1920년대에 문을 연 대부분의 냉면집이 종로를 중심으로 냉면 거리를 형성하였는데, 그보다

***

몇 년 앞서 서대문에도 냉면집이 있었던 것으로 보인다.

—《동아일보》 1925.8.28

***

엉터리

—교원 생활

1. 골목 구경을 나가 ("꽤 더운걸")

2. 눈에 뜨인 것이 평양냉면집 ("옳지 괜찮다")

3. 원체 좋아하는 것이매 ("두 그릇만 더할까")

4. 학생 세 명이 (그 광경을) 보아

("벌써 열두 그릇째야" "아, 너희 왔던")

우리나라 최초의 신문 소설 삽화작가인 안석영의 신문 연재 만화. 주인공 '엉터리'의 성장기를 '첫 인사' '소년시대' '교원 생활' '고생살이'로 나누어 1925년 8월부터 11월까지 연재하였다. 주인공 '엉터리'가 평양냉면집에 들러 냉면 12그릇을 앉은자리에서 해치우는 모습을 그린 재미있는 만화가 '교원 생활' 편의 한 에피소드로 들어가 있다.

냉면

김랑운

소설가.
시인 김석송과 잡지 《생장》(1925)을 창간하고 소설 〈귀향〉 〈영원한 가책〉 등을 발표.

S신문사에서는 월급날이 지난 지 닷새나 되도록 오늘 내일 하며 월급을 주지 못하였다.

그래서 오늘도 사원들은 일이 끝난 지 벌써 한 시간이나 되었건마는 대개는 다 나가지 않고 하회를 기다리고 있었다. 일이 끝나기가 무섭게 빨리 달아나기로 유명한 K 역시도 나가지 않고 책상 앞에 앉아서 원고지에 붓장난을 하고 있다.

"제—기 오늘도 안 주나?"

편집국 안을 이리저리 돌아다니던 순호는 화난다는 듯이 이렇게 중얼거리며 K의 옆에 있는 의자에 주저앉았다.

"글쎄… 오늘은 그믐날이니까 아마 무슨 소식이 있겠지."

K는 이렇게 받으며 붓대를 내던지고 순호를 향하여 옆으로

몸을 돌리었다. 그러고 뒤로 비스듬히 몸을 기대며 아래 양복 옆주머니에서 해태표 담배갑을 꺼내어 든다.

순호는 그것을 물끄러미 바라보며 말하였다.

"흥, 자네는 그래도 여전하네 그려. 나 한 개 주어보게."

"그―래 보세!"

하고 K는 고개를 끄떡 하며 꺼내었던 담배를 쑥 내어 밀었다.

"못 살면 말지!"

그러고 그는 다시 한 개를 꺼내었다.

"한턱 쓰나?"

하고 이때에 그의 뒤로서 또 한 사람이 손을 내어 밀었다.

"나도 한몫 끼어보세."

"그―래라! 망하는 판이다."

K는 역시 장난 반으로 호기스럽게 부르짖으며 이번에는 담뱃갑째로 쑥 내어밀었다. 그 속에는 다만 한 개가 남아 있었다.

그들은 담배에 불을 붙이었다. 그들이 뿜어내는 연기는 그들의 머리 위로 뭉게뭉게 배회하다가는 사라지고 사라지고 한다. 모든 것이 권태와 싫증을 말하는 듯하였다.

말코지와 의자에는 모자, 양복저고리, 두루마기, 단장―이러한 것이 여기저기 너저분하게 걸리어 있다.

그 널따란 큰 책상에는 원고지, 신문지, 펜, 종이쪽, 잉크병—이러한 것이 난잡하게 흩어져 있다.

더러는 그 난잡한 책상을 대하고 앉아서 신문지를 뒤적거리는 이도 있고, 심심하다는 듯이 원고지에 무엇을 끄적거리는 이도 있다. 더러는 이리저리 서성거리며 이 소리 저 소리 쓸데없는 잡담으로 웃고 떠들기도 한다. 혹은 한켠에 앉아서 냉면을 먹는 이도 있고, 혹은 모든 것이 귀찮다는 듯이 가만히 앉아서 부채질만 하는 이도 있다.

그러나 그들의 머릿속에는 누구나 다 "오늘도 안 주나" 하는 생각이 한결같이 들어 있었다.

순호는 담배를 피우면서 앞에 앉은 K를 물끄러미 훑어보았다. 그가 입은 잠자리 날개와 같은 그 명주 와이셔츠라든지, 금이 쪽 곧게 선 그의 세루 양복바지라든지, 그의 목에 꽂힌 보석인지 무엇인지 빨간 돌이 박힌 그 넥타이 핀이라든지, 그는 언제나 한결같이 '해태'만 사먹는 것이라든지, 그는 아무러한 근심걱정도 없다는 듯이 얼굴빛이 항상 유쾌스러운 것이라든지, 그리고 또 여전히 요릿집으로만 버티는 것이라든지—이러한 모든 것을 생각하며 그를 물끄러미 훑어보는 순호의 머릿속에는 이상한 생각이 떠돌아 다니었다.

"저나 내나 똑같은 월급이 아닌가? 저나 내나 그 똑같은 월급 푼으로 살아가는 것이 아닌가?"

하고 순호는 그와 자기를 비교하여 보았다.

그러나 아무리 생각하여도 다 같은 월급으로서 자기는 린넨 양복 하나도 변변히 얻어 입지 못하고 항상 쪼들리는데, 그의 생활은 어째서 그렇게 항상 호화로운지 알 수가 없었다. 그는 자기보다 가족이 적다. 그러나 그것으로 해서 그렇게 큰 차가 날 것 같지는 않았다. 아닌 게 아니라 그에게는 빚이 많고 빚쟁이에게 쪼들리는 일이 많다. 그러나 빚이 있고 빚쟁이에게 쪼들리는 것은 순호 자기도 역시 일반이었다.

"저에게 파멸이 오지 않을까? …?

하고 순호는 그를 걱정도 하여 보았다.

그러나 자기에게도 빚이 있고 빚쟁이가 있으니, 파멸은 마찬가지로 온 것이었다. 그에게는 무슨 특별한 재주가 있는 듯하였다. 그러나 그 특별한 재주가 과연 무엇인지를 알 수가 없었다. 이리저리 순서 없는 생각을 한참 하다가 그는,

"요컨대 저가 영웅이거나 내가 못난이거나…"

하는 결론으로 끝을 막았다.

벽에 붙은 큰 시계가 네 번을 쳤다.

이때 영업국 사환이 와서,

"도장을 가지고 오시라고요."

하고 소리를 쳤다.

K는 벌떡 일어나서 제일착으로 뛰어갔다. 순호도 몇 사람 뒤를 이어서 경리부로 갔다.

회계 일을 맡아 보는 이는 영수 책을 펴놓고 앉아서 순호를 힐끗 올려다보더니,

"김순호 씨? 여기 도장 찍으십시오."

하고 이름을 가리키었다.

순호는 도장을 꺼내어 가리키는 자기 이름 밑에 꾹 찍고는 봉투 하나를 받아가지고 다시 편집국으로 왔다.

편집국 안은 두세 두세하고 물 끓듯 하였다. 그러나 K는 언제 달아났는지 벌써 간 곳이 없었다.

순호는 봉투를 떼어보았다. 그 속에는 가불된 것 이십 원을 제하고 오십오 원이 들어 있었다.

순호는 기쁜지 좋은지 덤덤하였다. 이러할 줄을 미리부터 뻔히 알았고 또 오십오 원을 가지고 미리 예산도 하여 보았건마는, 그래도 머리가 묵지근하고 입맛이 틉틉하였다. 예산이 턱없이 부족 되매 "이것을 가지고 어떻게 틀어막나?" 하는 걱정이 새삼스럽게 머리를 짜누르는 까닭이었다.

"그렇다. 이번에는 빚쟁이들을 전부 공空따릴 수밖에 없다."

이렇게 생각하고 그는 말코지에서 작년에 쓰던 누르충충한 맥고모자를 떼어 얹고 밖으로 나가려 하다가 주춤하고 발을 멈추며,

"아니 점심값은 주어야지."

하고 생각하였다.

그리고 다시 발을 돌리어,

"인순아! 인순아!?" 하고 사환을 불렀다.

"피존 한 갑만 사고 이것 좀 바꾸어 오너라."

하고 그는 달려온 사환에게 오 원짜리를 내어주려다가 십 원짜리를 내어주었다. 한참 지난 후에 사환은 돈을 바꾸어 가지고 왔다.

"몇 군데나 돌아다녔는지 몰라요."

"응 애썼다. 그런데 너 이것 맡았다가 받으러 오거든 주어라. 내 점심값이다."

하고 순호는 사원 오십 전을 세어서 사환에게 맡기었다. 그리고 나아갔다.

그러나 문밖을 나서자마자 양복 입은 청인淸人이 빙글빙글 웃으며 달려들었다. 지난달에 해 입은 - 지금 입고 있는 - 양복값 나머지를 받으러 온 것이다.

순호는 댓자곳자로 내쏘았다.

"없어! 월급도 안되고… 다음 달에 와, 응? 다음 달에."

"양반 사람이 왜 거짓말을 해? 지금 탔어."

"타기는 무엇을 타?"

하고 순호는 눈을 부릅뜨며 쳐다보았다.

"우리 다 알아 있어."

하고 청인은 숭글숭글 웃으며 말하였다.

"지금 리선생한테도 받았어."

순호는 가증하다는 눈으로 한참 동안 청인을 노려보다가 하는 수 없다는 듯이 오 원짜리 한 장을 꺼내어 주며 말하였다.

"자아 이것밖에 없으니 나머지는 다음 달에 오."

"왜 양반 사람이 그래…"

순호는 청인의 말이 끝나기도 전에,

"글쎄 양반 사람 아니라 두발 사람이기로 없는 걸 어떻게 하나! 정말 더는 할 수 없으니 다음 달에 와, 응?"

청인은 잠깐 동안 무엇을 생각하는 듯하더니 고개를 번쩍 들며,

"에, 그렇게 하슈."

하고 순호의 손에서 오 원짜리 지전을 받아든다.

"그러면 이제 오 원 남았소, 응?"

"네, 그렇습니다. 고맙습니다."

청인은 고개를 끄떡하고 편집국으로 들어갔다.

순호는 학질을 떼었다는 듯이 후유 하는 맘으로 뚜벅뚜벅 발을 옮기었다. 그러나 그는 까닭 없이 맘이 불쾌하고 공연이 화증이 남을 억제할 수 없었다. 빚쟁이들에게 공을 치리라

하는 계획은 벌써 여지없이 깨뜨려졌다. 그의 가슴속에는 묵지근한 무엇이 치밀어 올라서 그를 괴롭게 하였다.

그는 공원 앞 정류장으로 나섰다.

여름 일광은 타는 듯이 내려쪼인다. 공원 문으로 들여다 보이는 모든 나무 나무는 숨을 죽이고 맥이 하나도 없이 사지를 내려뜨리고 있다.

그는 의주통행 전차를 탔다. 앉을 자리가 많이 있건마는 사람들은 바람을 찾아서 문 앞으로 몰려섰다. 순호는 한편 빈 자리에 털썩 주저앉았다. 몸을 기대고 주저앉으매 그는 맥이 하나도 없이 착 가라앉으며 몹시 시장함을 깨달았다. 그는 무엇을 먹고 싶은 생각이 났다. 무엇을 먹으리라 하고 생각하매 배는 더욱이 고프고 기운은 더욱이 없었다. 그는 양복 주머니에 넣은 돈 봉투가 그대로 있는지 없는지 만져보면서, 종로 근방에 내려서 냉면을 한 그릇 먹으리라 하고 생각하였다. 한즉 저육과 채로 가신 배 쪽과 노란 겨자를 위에 얹은 수북한 냉면 그릇이 먹음직하게 눈앞에 보이었다. 따라서 그의 식욕은 급하여지고 그의 정신은 활줄과 같이 그 냉면 그릇으로 뻗치었다.

전차는 종로에 닿았다. 순호는 벌떡 몸을 일어나려 하다가 재판소 옆으로 가리라 생각하고 내리지 않았다.

전차는 다시 재판소 앞을 향하고 떠났다. 순호는 전차가 채 닿기도 전에 운전대로 나섰다. 재판소 옆 이층 냉면집이 보인다. 전차가 정거하려 할 때에 순호는 손잡이를 붙들고 발판으로 내려섰다. 운전수는 차를 정거시키고,

"표 내십시오."

하며 몸을 돌렸다. 순호는 슬쩍 뛰어내리며,

"냉면!"

하였다.

"여보세요!"

운전수는 점잖게 불렀다. 그러고는 표 내라는데 냉면은 웬 냉면이냐는 듯이 순호를 물끄러미 내려다보았다.

"아!"

하고 순호는 자기가 찾은 '냉면' 소리에 스스로 깜짝 놀랐다. 이 순간 그는 모닥불을 끼얹는 것같이 얼굴이 화끈함을 깨달았다. 항상 하는 버릇으로 '패스!' 한다는 것이 그 대신으로 생각에 골똘하였던 그 '냉면'이 툭 튀어나온 것이다.

"패스!"

다시 얼른 부르짖고 순호는 달아나려 하였다.

그러나 짓궂은 운전수는 그렇게 얼른 놓아주지 않았다.

"여보세요! 좀 보여주십시오."

그는 '패스'를 꺼내어 보이는 듯하고 걸음을 빨리 하여

전차 뒤로 돌아서 냉면집 앞으로 갔다. 그러나 전차에서 오르내리는 사람과 그 냉면집에 있는 사람들이며 좌우로 오고가는 사람이 모두 자기를 조롱하고 모욕하는 듯하였다.

쨍쨍히 내려쪼이는 햇발까지도 자기를 비웃는 것 같다. 그는 고개를 푹 숙이고 냉면집 앞을 그대로 지나서 대서소 골목으로 들어섰다. 배고픈 생각과 냉면 생각은 천리 밖으로 달아나버리고 다만 무어라 할 수 없이 분하고 애달픈 생각이 가슴을 메이는 듯하였다. 그는 심한 모욕과 더할 수 없는 수치를 당한 것같이 느끼었다. 자기를 붙들고 실갱이하던 그 운전수가 곧 때려죽여도 시원치 않도록 미운 생각이 났다. 그의 가슴은 까닭 없이 펄쩍펄쩍 뛰었다.

그는 다시 샌전 뒷골목으로 해서 자기도 모르게 비각 앞으로 빠져나왔다. 일기도 몹시 덥거니와 그의 이마에서는 더 한층 땀이 흘렀다. 그는 손수건을 꺼내어 땀을 씻었다.

그는 다시 영추문행 전차를 탔다. 그러나 역시 모든 사람이 자기를 자세히 보는 것 같고 자기를 비웃는 것 같았다. 그는 아무것도 똑바로 볼 수가 없고 아무것도 분명히 생각할 수가 없었다. 마치 찬물에 얼었거나 불에 데었거나 그렇지 않으면 벌에 쏘인 것과 같은 그의 정신은 다만 멍하니 흐늘흐늘할 뿐이었다. 그러나 아까 '냉면'을 찾고 더할 수 없는 수모를 당하던 — 생각만 하여도 얼굴이 화끈화끈한 그 일은

누굿누굿하게도 그의 머리 전체를 무겁게 찍어 누르고 있었다.

전차는 적선동 네거리에 멈추었다. 그는 미리 '패스'를 쥐고 있다가 이번에는 아무 말도 없이 보이고 내렸다. 그는 그 돈 봉투가 그대로 잘 들어 있는지 어쩐지 다시 양복 주머니를 만져보면서 걸음을 옮기어놓았다.

금춘교 다리를 지나 체부동 골목으로 들어서서 한참을 가다가 그는 갑자기 아뿔싸 하고 걸음을 멈추었다. 그것은 벌써 지난달부터 자기 아내가 입을 것이 없으니 모시 한 필만 사다 달라고 노래 부르다시피 하던 것이 문득 생각나는 까닭이었다. 그는 다시 나와서 사가지고 갈까 어쩔까 하고 잠깐 생각하다가 "무얼 나중에 하지" 하고 그대로 발을 옮기었다.

자기 집이 거진 다다라 올 때에 그의 머릿속에는 또 어린것들이 떠올랐다. 자기가 들어가면 그 어린것들은 의례히 또 과자 사가지고 왔느냐고 내달을 것이다. 그래서 그는 그 옆에 있는 조그만 담배 가게에서 오 전어치씩 비스킷 두 봉지를 사서 양복 주머니에 넣어가지고 갔다.

그가 자기 집 문안에를 들어서매 마루에서 놀고 있던 세 살 먹은 작은놈은 방글방글 웃으며,

"아부지! 아부지…"

하고 마루 끝으로 내닫는다.

"오—냐, 오—냐."

하고 순호는 그 앞으로 가서 구두끈을 풀기 시작하였다.

여섯 살 먹은 큰놈은 제 동생 뒤에서 눈치만 보고 섰다.

한편 방에서는 보통학교 4학년에 다니는 그의 막내 동생과 그의 어머니가 내다보고, 한편 방에서는 또 어린애가 들어서 배가 남산만한 그의 아내가 내다본다. 그의 큰동생은 아직도 학교에서 돌아오지 않은 모양이었다.

그는 구두를 마루 한편에 벗어놓고 작은애의 손을 붙들고 방으로 들어갔다. 큰애도 따라 들어갔다. 그는 모자를 방바닥에 내붙이고 윗목 문 앞으로 앉으며 방이 꺼지게 한숨을 쉬었다. 그리고 손수건을 꺼내어 얼굴을 씻었다.

작은놈은 여전히,

"아부지, 와—자 와—자."

하고 대어든다. '와—자'란 것은 '과자'란 말이다.

"오— 주지, 오— 주지."

그는 과자 봉지를 꺼내어 두 아들에게 하나씩 주었다. 그들—천진스럽고 귀여운 아무 걱정도 없는 그들은 일변 꺼내 먹으며 과자 봉지를 들고 좋아라고 마루로 나갔다 방으로 들어왔다 하며 무어라고 중얼댄다.

"더운데 좀 벗으시우."

하고 아내는 말하였다. 이 말에는 대답이 없이 그는 한편에 앉은 배부른 자기 아내를 가엾다는 눈으로 물끄러미 바라보며,

"점심 먹었소?"

하고 물었다. 그의 아내는 항용 점심을 굶는다. 밥이 없어서 그런 것이 아니라 – 간혹 그런 때도 있지만 – 생활이 하도 신산하니까 자연 점심을 안 먹고 그대로 넘기는 때가 많았다. 순호는 이것을 항상 걱정하였다.

"네 먹었어요."

"무엇?"

"밥 먹었어요."

순호는 또다시 한숨을 지었다. 그리고 담배를 꺼내어 피워 물었다.

천리만리 밖으로 도망갔던 배고픈 생각은 또다시 그를 엄습하였다. 사지가 쑥쑥 쑤시는 것 같고 전신에 맥이 하나도 없었다. 염치도 체면도 아무것도 없는 것은 주림이요, 또 그의 뱃속이 허虛탕인 것은 사실이니 아무러한 일이 있기로 그는 배고픔을 다시금 느끼지 않을 수가 없었다.

"왜 어디가 편찮으시우?"

그의 아내는 걱정스러운 듯이 물었다.

"아—니."

"그럼 왜 그렇게 기색이 좋지 못하오?"

한참 있다가 순호는 대답하였다.

"내가 지금 배가 고파 죽겠소. 무엇 좀 사오라고 하오."

"그러면 왜 진작 말씀을 안하우?"

아내는 말하였다.

"무얼 사오나… 냉면이나 한 그릇 시켜오랄까?"

"무엇이든지…"

실상 그는 웬일인지 아까부터 냉면이 먹고 싶었다. 그러나 아까 망신한 일을 생각하매 냉면을 사오라는 말이 나오지 않았다. 나오지 않는다는 것보다도 '냉면' 소리를 하기가 싫었다. 그러나 자기 아내가 먼저 냉면을 사오려고 하는 것을 그는 은근히 다행으로 여기었다.

"일남아."

하고 아내는 큰놈을 시키었다.

"막내 삼촌 불러라."

"꼬맹이 삼촌?"

"그래! 어서 불러."

일남이는 소리를 쳤다.

"꼬맹이 삼촌! 꼬맹이 삼촌!"

제일 작은삼촌이라 해서 일남이는 항상 '꼬맹이 삼촌'이라고 한다.

꼬맹이 삼촌은 왔다.

"얼른 가서 냉면 한 그릇만 시켜요, 응?"

"시켜 올 게 아니라 아주 그릇을 가지고 가서 네가 가지고 오너라."

이렇게 말하고 순호는 이십오 전을 꺼내어 던지었다. 아우는 돈을 집어가지고 나갔다. 아내는 밖으로 나가서 큼직한 대접 하나를 씻어주고 들어왔다.

얼마 후에 순호는,

"그런데 갚을 게 모두 얼마랬지?"

하고 물었다.

"아까 참 쌀값 독촉을 또 왔다 갔수."

"재리 같은 녀석!"

하고 남편은 조금 있다가,

"쌀값이 얼마?"

"쌀이 통 아홉 말, 좁쌀 두 말, 보리 두 말, 팥— 그래서 모두 이십이 원 십 전이래요."

"틀림없소?"

"틀림없어요."

하고 아내는 말을 이었다.

"도련님이 똑똑히 알아요."

"그리고 또?"

"그 다음에는 반찬가게에 칠 원 이십 전, 나무 값이 꼭 사 원, 집세, 전등료, 물값 — 그렇지요 뭐."

순호는 아내가 말하는 대로 대강 치어보다가 돈 봉투를 꺼내 가지고 십 원짜리 한 장을 아내 앞으로 던지며 말하였다.

"옜소. 내가 잊어버리고 그대로 왔으니 아주 당신이 맡아가지고 우선 반 필만 끊어다가 급한 대로 해 입으오. 어름어름하다가는 이것도 저것도 다 틀리겠소."

그러고는 나머지 삼십오 원을 지갑 속으로 옮겨 넣었다.

그는 지갑을 들고 앉아서 눈을 까막까막하며 속으로 또다시 따져보았다. "쌀값이 이십이 원, 집세가 지난달치 오 원 밀린 것과 십칠 원, 그러면 삼십구 원, 반찬값이 칠 원, 그러면 십육 원하고 사십육 원 또 나무 값 사 원하면 오십 원, 전등료, 물값 해서 오십삼 원… 아이들 월사금…"

아무리 하여도 이십 원 하나는 부족이었다.

"흥! 예산 잘된다."

그는 기가 막히는 듯이 중얼거렸다.

한참 동안을 그는 담배만 푹푹 피우다가,

"이것을 어떻게 틀어막나?"

하고 생각하였다. 그러나 아무 도리가 없다. "반찬가게는 할 수 없고 쌀값과 집세를 십 원씩만 밀어?" 하고 그는 생각하여 보았다. 그러나 쌀값을 십 원씩이나 떨어뜨리면 그

지독한 자가 필연코 외상을 주지 않을 것 같았다. 집세도 또한 선금을 내라고 하는데 선금은 못 줄망정 지난달에도 밀리고 이번에 또 그렇게까지 떨어뜨릴 수는 도저히 없을 것 같았다. "그러면 오 원씩만 떨어뜨려?" 하고 그는 생각하였다. 그러나 그렇다 하더라도 십 원 하나는 여전히 부족이다.

"에!"

하고 그는 머리를 득득 긁었다. 사실로 그의 가슴속은 시커멓게 타고 있었다.

이럴 때에 괴팍스럽게 생긴 키가 작달막한 그의 어머니는 담뱃대를 물고 건너와서,

"오늘은 월급 탔니?"

하고 물었다.

"네, 탔어요."

순호는 머리를 숙인 대로 대답하였다.

"나 오 원만 써야겠다."

"어디다 쓰세요?"

하고 그는 눈을 치떠보며 물었다.

"아따 네 누이가 불란서 치마 한감만 떠 보내라고 몇 번이나 편지가 왔는지 모른다."

"원… 내 코가 석잔데 치마감이 다 무에야요!"

그는 화증을 내며 소리를 높이었다.

"그것도 망할 계집애여! 시골 구석에서 불란서 치마란 다 무엇 하는 것이며 또 해 입고 싶거든 제 서방더러 해달라지? 왜 그래."

"그러기에 불쌍하지 않으냐."

"불상? 부처님상이 불상이랍니다. 배지가 부르니까 그 따위 소리를 하지 배지가 고파 보시우!"

"계집애 하나 있는 것 출가시키었대야 네가 무얼 해주었느냐? 내가 무얼 해주었느냐?"

하고 그의 모친도 약간 말소리를 높이었다.

"글쎄 못해 주었어도 할 수 없는 걸 어떡해요!"

하고 순호는 소리를 질렀다. 먹고 살아가기에 속이 곰팡이가 나도록 썩는 줄을 이렇게도 몰라주나 하매 그는 자기 어머니가 야속한 생각이 났다.

"너무 그러지 말아라."

"무얼 너무 그러지 말아요."

하고 그는 하도 어이가 없다는 듯이 성을 내어 가지고 있는 자기 어머니를 멀거니 바라보다가 손에 들었던 돈지갑을 갑자기 방바닥에 탁 메어붙이며,

"몰라요! 맘대로 해요!"

하고 부르짖었다. 그러고는 모자를 집어가지고 마루로 후닥닥 나아가며 고함을 쳤다.

"뜯어들 먹어요! 뼈까지 바싹 타도록 실컷들 볶아요."

이때에 '꼬맹이 삼촌'은 냉면을 사가지고 와서 헐금씨금하며 마루에 놓았다.

세 살 먹은 작은놈은,

"어디 가? 아부지, 어디 가?"

하며 따라 나선다.

순호는 구두를 신고 나서 마루 끝에 놓은 그 냉면 그릇을 마치 풋볼이나 차는 듯이 발길로 내지르며,

"오늘은 이놈의 냉면까지도 오장을 긁어놓아!"

하고 부르짖었다. 죄 없는 냉면은 여지없이 마당에 나둥그렸다. 대접은 보기 좋게 두 쪽이 났다.

여섯 살 먹은 일남이는 무슨 영문인지 모르고 마루 한편에 우두머니 서 있다.

순호는 다시 안 들어올 것같이 뚜벅뚜벅 밖으로 나가버렸다.

이 모양을 하고 나아가는 그의 뒷모양을 문 앞에 서서 바라보는 그의 아내의 두 눈에는 눈물이 그렁그렁하였다.

—《동광》 1926.12

유경식보 柳京食譜*

이태준

소설가.
단편집《달밤》《가마귀》,
수필집《무서록》, 문장론
《문장강화》 등의 저서가 있다.

평양에 온 지 사 년이 되나 자별스럽게 기억에 남는 음식을 아직 발견하지 못했습니다. 생활의 전반 규모에 그 무슨 전통의 아름다움이 있으려니 해서 몹시 눈은 살피나, 종시 그런 것이 찾아지지 않습니다.

거처하는 집의 격식이나 옷맵시나 음식 범절에 도시 그윽한 맛이 적은 듯합니다. 이것은 평양 사람 자신도 인정하는 바로, 언제인가 평양의 자랑을 말하는 좌담회에 출석했을 때 들어 보아도, 그들 자신으로도 이렇다 하는 음식을 못 들었습니다. 가령 서울과 비교하면 — 감히 비교할 바 못되겠지만 —

* 유경柳京은 평양의 다른 이름이며, 식보食譜는 음식의 족보, 갈래를 뜻함.

진진하고 아기자기한 맛이 적고 대체로 거칠고 담하고 뻣뻣스럽습니다. 잔칫집 음식도 먹어 보고, 요정에도 올라 보았으나, 어디나가 다 일반입니다.

요정에 올라서 평양의 진미를 구하려 함은 당초에 그른 일이어서, 평양의 진미는커녕 식탁에 오르는 것은 조선 음식이 아니고 정체 모를 내외 범벅의 당치 않은 것들뿐입니다. 그리고 음식상이라기보다는 대개가 술상의 격식입니다. 술을 먹으러 갈 데지, 음식을 가지가지 맛보러 갈 데는 아닙니다. 차라리 요정보다는 거리의 국수집이 그래도 평양의 음식을 자랑하고 있는 성싶습니다.

평양냉면은 유명한 것으로 치는 듯하나 서울냉면만큼 색깔이 희지 못합니다. 하기는 냉면의 맛은 반드시 색깔로 가는 것은 아니어서, 관북 지방에서 먹은 것은 빛은 가장 검고 칙칙했으나, 맛은 서울이나 평양 그 어느 곳 것보다도 나았습니다. 그러나 평양 온 후로는 까딱 냉면을 끊어버린 까닭에 평양냉면의 진미를 아직 모르고 있습니다. 그렇다고 다시 시작해 볼 욕심도 욕기도 나지는 않습니다. 냉면보다는 되려 온면을 즐겨 해서 이것은 꽤 맛을 들여놓았습니다. 그러나 이것도 장국보다는 맛이 윗길이면서도 어복장국보다는 한결 떨어집니다. 잔잔하고 고소한 맛이 없고 그저 담담합니다. 이것이 평양 음식 전반의 특징입니다만, 육수 그릇을 대하면 그

멀겋고 멋없는 꼴에 처음에는 구역이 납니다. 익숙해지면 차차 나아는 가나 설렁탕이 이보다 윗길일 것은 사실입니다.

친한 벗이 있어 추석이 되면 노티를 가져다줍니다. 일종의 전병으로 수수나 쌀로 달게 지진 것입니다. 너무 단 까닭에 과식을 할 수 없는 것이 노티의 덕이라면 덕일 듯합니다. 나는 이 노티보다도 차라리 같은 벗의 집에서 먹은 만두를 훨씬 훌륭한 것으로 생각합니다. 중국식 만두보다도 그 어떤 만두보다도 나았습니다. 평양의 자랑은 국수가 아니고 만두여야 할 것 같습니다.

동무라면 또 한 동무는 이른 봄에 여러 차례나 손수 간장 병과 떡 주발과 김치 그릇을 날라다 주었는데, 이 김치의 맛이 일미여서 어느 때나 구미가 돌지 않을 때에는 번번이 생각납니다. 봄이언만 까딱 변하지 않는 김치의 맛 — 시원한 그 맛은 재찬삼미再讚三味해도 오히려 부족합니다. 대체로 평양의 김치는 두 가지 격식이 있는 듯해서, 고추양념을 진하게 하는 것과 엷게 하는 것이 있습니다. 거의 소금만으로 절여서 동치미같이 희고 깨끗하고 시원한 것, 이것이 그 일미의 김치인데, 한 해 겨울 그 동무와 몇 사람의 친구와 함께 휩쓸려 늦도록 타령을 하다가, 곤드레만드레 취한 김에 밤늦게 그 동무의 집으로 습격을 가서 처음 맛본 것이 바로 그 김치였던 것입니다. 단 두 칸밖에 안되는 방에 각각 부인과 일가 아이들이 누워 있었던 까닭에 동무는 방으로는 인도하지 못하고, 대문 옆 노대露臺에 벌벌 떠는 우리들을 앉히고, 부인을 깨워 일으키더니 대접한다는 것이 찬 김치에 만 밥, 소위 짠지밥(김치와 짠지는 다른 것임을, 평양에서는 일률로 짠지라고 일컫습니다)이었습니다. 겨울에 되려 아이스크림을 먹는다더니, 찬 하늘 아래에서 벌벌 떨면서 먹은 김치의 맛은 취중의 행사였다고는 해도 잊을 수 없는 것입니다. 북쪽일수록 음식에 고추를 덜 쓰는 모양인데, 이곳에서 김치를 이렇게 싱겁게 담그는 격식은 관북지방의 풍습과도 일맥 통하는 것이 있습니다. 요새 의학박사 양반이 고춧가루의 해독을 자꾸만 일러주는 판인데 앞으로의 김치는 그 방법에 일대 개혁을 베풀어 이 평양의 식을 따면 어떨까 합니다. 나는 가정의 주부들에게 이것을 적극적으로 권하고 싶습니다. 단지 의학박사가 아닌 까닭에 잠자코 있을 뿐입니다.

잔칫집에서 가져오는 약과와 과질은 요릿집 식탁에 오르는 메추라기 알이나 갈매기 알과 함께 멋없고 속없는 것입니다. 약과는 굳고 과질은 검습니다. 다식이니 정과니 하는 유는 찾으려야 찾을 수 없습니다. 없는 모양입니다.

중요한 음식의 하나가 야키니쿠인데 고기를 즐기는 평양 사람의 기질을 그대로 반영시킨 음식인 듯합니다. 요리법이 가장 단순하고, 따라서 맛도 담백합니다. 스키야키같이 연하지도 않거니와 갈비같이 고소하지도 않습니다. 소담한 까닭에 몇 근이고간에 양을 사양하지 않는답니다. 평양 사람은 대개 골격이 굵고 체질이 강장하고 부한 편이 많은데, 행여나 야키니쿠의 덕이 아닌가 혼자 생각에 추측하고 있습니다. 다만 야키니쿠라는 이름이 초라하고 속되어서 늘 마음에 걸립니다. 적당한 명사로 고쳐서 보편화시키는 것이 이 고장 사람의 의무가 아닐까 합니다. 말이란 순수할수록 좋은 것이지 뒤섞고 범벅하고 옮겨 온 것은 상스럽고 혼란한 느낌을 줄 뿐입니다.

마지막으로 어죽을 듭니다. 물고기 죽이란 말이나 실상은 물고기보다도 닭고기가 주장이 되는 듯합니다. 닭과 물고기로 쑨 흰죽을 고추장에 버무려 먹습니다. 여름 한철의 진미로서 아마도 천렵 풍습의 유물로 끼쳐진 것인 모양입니다. 제철에 들어가 강 놀이가 시작되면 반월도를 중심으로 섬과 배 위에 어죽 놀이의 패가 군데군데에 벌어집니다. 물속에서 철벅거리다가 나와 피곤한 판에 먹는 죽의 맛이란 결코 소홀히 볼 것이 아닙니다. 동해안 바닷가에서 홍합죽이라는 것을 먹은 적이 있는데, 그 조개로 쑨 죽과는 맛이 흡사한데다가 양편 다 피곤한 기회를 가린 것이라, 구미 적은 여름의 음식으로 이 죽들은 확실히 공이 큰 듯합니다.

—《여성》 1939.6

유령의 종로

이태준

소설가.
단편집 《달밤》 《가마귀》,
수필집 《무서록》, 문장론
《문장강화》 등의 저서가 있다.

"이 사람 오래간만일세. 더운데 냉면이나 한 그릇씩 해볼까?"

"냉면? 글쎄, 냉면을 우리도 좋아는 하는데 신 벗기 싫어… 냉면집에 방석이나 어디 깨끗한가. 어디로든지 걸터앉는 데로 가세."

주머니가 푸근하면 양식집으로 가고, 그렇지 못하면 일본집 소바 먹으러 가는 것이 보통이다.

냉면뿐이 아니다. 설렁탕, 대구탕도 그렇다. 설렁탕은 걸터앉는 것 아닌 것은 아니나, 높이가 한 자밖에 안되는 소위 식탁에 목침木枕 높이만밖에 안한 걸상에 주저앉으면, 그것 마치 무슨 고문이나 당하고 앉아 있는 것같이 전신이

엇질려서 괴롭다. 양쪽 무릎은 귀 위까지 올라가지, 허리가 굽어지니 배가 달라붙지, 식탁이 낮으니 황새처럼 모가지를 빼야지. 대구탕도 그렇지. 여름이라도 놋그릇이 그을리거든 자주 닦아야 한단 말이지. 그릇과 숟가락이 몇십 년 닦지 않은 이빨처럼 싯누런 너리가 앉은 것을, 외면도 안하고 아무렇지 않게 내어놓는다. 게다가 음식 나르는 친구들의 의복이란 언어도단이다. 걸레라고 하더라도 빨지 않고는 못 쓸 걸레들이다.

《별건곤》《문예공론》《조선문예》《신생》《학생》, 책점冊店마다 간판이 5,6개씩은 늘어섰다. 그러나 그 책점 주인들이나 점원들이 유령인지도 모르겠다. 먼지 앉는 것과 거미줄 치는 것을 그렇게 좋아하는 것은 필시 유령들이다. 도깨비들이다. 석 달 열흘이 되어도 비나 한 번 와야 간판에 먼지들이 씻겨 내려가 글자들이 나타난다. 제3호가 나오도록 창간호 간판이 그대로 서 있다.

전에 어떤 친구 하나가 예수교 학교로 전학하였다. 수신 시간에 서양 부인이,

"예수가 어디서 났소?"

"모르지요."

"《성경》 ×장×절 보아 가지고 오시오."

그 다음 시간에,

"예수가 어디서 났소?"

"모르지요."

또 그 다음 시간에,

"예수가 어디서 났소?"

"몰라요."

"당신 쇠牛대가리요?"

북촌 상인들이 망해 가는 것은 자본 문제에만 있는 것은 아니다. 쇠대가리들이기 때문이다. 손님들은 현대인, 신경인神經人들임에 불구하고 점주, 점원 들은 의연자약依然自若의 우두牛頭 상인商人들이기 때문이다.

—《별건곤》 1929. 9

허름한 음식점 처마 밑에
냉면집을 상징하는 갈게발이 걸려 있다.
상투 틀고 갓 쓴 음식점 손님의 모습에서
20세기 초 우리 음식 생활문화의
한 단면을 엿볼 수 있다.

복덕방 영감

이태준 | 소설가.

오늘 점심 때 냉면집에서.

그 두 노인, 한 영감은 땟국이 조르르 흐르는 설핀 모시 두루마기에 초췌한 안색이면서도 어딘지 발가진 서울 사람의 티가 있고, 다른 한 영감은 기름이 주르르 흐르는 항라 두루마기에 풍신도 그럴 듯하였으나 그 숫된 품이 시골서 금방 올라온 듯하였다.

그들은 밖에서 하던 말을 그냥 지껄이며 들어섰다. 여러 사람 사이에 앉아서도 남이야 듣든 말든 꺼림 없이 그 어조로 지껄이었다.

"집짓기가 힘들다고 하지만 그것도 옛말이죠. 지금이야 4, 50칸 들이도 한 달 안에 지어 놓으라면 한 달 안에 손 하나 더

대일 데 없이 떼꺽 떼어 놓으니까요. 그저 내 말만 들으슈. 그 터를 사슈. 내 그 금에 떼어 올 테니…"

"그래두 거긴 너무 외따러. 어디 조선 사람이 살어야지 맨."

"아니올시다. 모르시는 말씀입니다. 내 돈으로 내 집 짓고 내 것 갖다 나 먹고 사는데 일본 사람 촌 아니라 서양 사람 촌이면 어떠란 말이오. 그리고 노인장께서 모르시는 말씀인 게 아예 조선 사람 촌에서 섞여 살 것이 아닙네다. 꼴 숭한 일이 많지요. 심지어 무슨 세금받이들까지도 조선 촌에 와서 하는 것과 일본 촌에 가서 하는 것이 다르지요. 그리고 첫째, 나도 자식이 있소만 아예 조선 촌에서 자식 기를 게 아닙네다. 조선 애들이라는 게 너나 할 것 없이 구차한 집 애들이고, 노는 것이나 말하는 것이 어디 저 사람네 애들만 할 수 없거든요. 아예 조선 촌에서 집 고를 생각 마슈."

"하긴 그래. 맹자의 어머니도 삼천지교를 했다거든 집을 옮기며 자식들 생각도 안할 수 있나…"

"그럼요. 근묵자흑近墨者黑이라고 옛말이 그르지 않지요. 조선 애들 속에서 자식 기를 게 아닙네다."

이런 말을 하는 그 초췌한 영감, 그는 복덕방 영감이 틀리지 않았다. 그는 홍정만 되도록 제 손님 한 사람만 들으라고 한 말이겠지만, 좌중에 귀먹은 사람은 없는 듯하였다. 모두 마땅치 않게 힐끔힐끔 흘겨들 보았다. 기어이 한 사람 입에서 시비가 나왔다. 비빔밥을 먹고 일어서는 깔끔하게 생긴 중노인이었다.

"여보, 댁이 아마 중개인인 모양이오. 아무리 구전을 뜯어 먹고 살기로니…"

"…"

복덕방 영감은 들었던 국수 그릇을 놓고 멍—하니 처음엔 대답이 없었다.

"흥정을 붙이더라도 옳은 말을 하고 붙여야지… 넌 조선 놈이 아니고 어디서 생겨난 놈이란 말이냐…"

"…"

"우리같이 늙은 것들은 너 같은 입에도 욕먹어 싸다. 아이들이야 어째서 네 입에 욕을 먹어야 하냐. 네놈 구전 생기고 안 생기는 데 어째 오르내려야 하냐?"

"…천 번 만 번 당연한 말이오. 당연한 말씀이오…"

"개만도 못한 놈. 너도 조선 애비, 조선 에미에게서 났겠지. 네 자식도 다른 종자는 아닐 테지. 괘씸한 놈 같으니."

"늙은 게 생각 없이 한 말이오. 천 번 만 번 당연한 말이오."

그 깔끔한 중노인은 음성을 낮추어 이번에는 항라 두루마기 입은 시골 영감에게 이런 말을 하고 나갔다.

"영감께서 무슨 흥정을 이 사람한테 맡겼는지는 모르나 이런 간사한 놈하고 일을 하다가는 언제든지 속습네다.

주의하슈."

그놈의 영감 에이 싸다!

모두 시원해 하였다. 나도 그랬다. 그놈의 영감 수작에 그처럼 욕하고 나선 것이 내 자신이 못된 것만 부끄러울 만치 싸다 하였다.

그러나 사상은 별문제요, 그 복덕방 영감도 그렇게 고약한 사람 같지는 않았다. 후유 한숨을 내쉬고 목이 메는 듯 모처럼 먹어 보던 냉면 그릇을 밀어 놓고 나앉으며 새까만 손수건을 내어 입을 닦는 체하다 눈을 씻는 것을 볼 때, 그때는 미운 것보다는 오히려 측은한 생각을 금할 수 없었다.

무엇이 60평생을 다 산 그 늙은 영감으로 하여 그와 같은 고의 아닌 말을 하고 욕을 보게 하였던가.

조그만 인생의 비극을 보는 것 같았다.

—6월 1일 일기에서

—《동광》 1931.7.5

비밀 가정 탐방기

냉면 배달부가 되어

야광생 | 《별건곤》 기자의 필명.

한참 분산하게 양복을 벗어 버트리고 방구석에서 굴러다니는 군때 묻은 조선 바지저고리를(책보에 싸가지고 온) 바꾸어 입었다. 배달부의 장갑을 빌려 끼고 방한모를 푹 눌러 귀까지 덮어썼다. 그리고 자전거 전등을 한 손가락에 꿰어 들었다.

'이만하면 되겠지!' 하고 조그마한 거울 앞에 서서 내가 내 꼴을 바라보니 아닌 게 아니라 능청맞다. 내가 낸 줄 모르리만치 변장이 되었다면 과장일지는 모르나, 사실 나 아는 남이 나의 정체를 알아낼 수 없을 만큼 된 것은 사실일 것이다.

"자—어떻소."

하고 미닫이문을 밀치고 뛰어나오니 냉면집 주인, 배달부 할 것 없이 박장대소다.

"됐는데요, 됐어… 그런데 어쩌자고 이 야단이신지 알 수 없군요."

주인 양반은 무슨 일이나 나지 않았나 해서 아까부터 하는 걱정이다.

"아— 글쎄, 염려 마시라는데 왜 이러십니까."

나는 됩데 귀찮은 듯이 주인의 말을 가로막아 버렸다. 그리고 다시,

"요 다음 차례를 날 주십시오."

하고는 담배 한 개를 피워 물었다.

어느 틈에 시계가 열한 시를 가리킨다.

전화가 떼르—릉 하고 울린다.

"네—네, 그렇습니다. 관철동 24× 번지 냉면 두 그릇이오. 네네."

전화 받는 주인의 분부가 나리기도 전에 나는 벌떡 일어났다. 국수 누르는 동안에 배달부 한 사람에게 관철동 지리를 물어 두었다.

자전거 등불을 밝히었다. 냉면 그릇에 붉은 고깔을 씌워 두 그릇, 장국 한 주전자, 소독저 두 개, 김치 한 그릇을 실은 목판을 어깨 위에 올려놓으니 웬일인지 묵직한 것 같다. 그뿐

아니라 거북해 못 견디겠다.

"자— 이렇게 올려놓으시고, 이 손을랑 한 귀퉁이를 잡으서요."

배달부 친구가 걱정이 되는지 그의 기술을 공개해 준다. 그의 가르치는 대로 고개를 갸우뚱 구부리고 한 손으로 목판 한 귀퉁이를 든든히 쥐고 보니, 다소 중심이 취해지는 것 같고 가다가 뒤집어엎을 것 같지는 않다. 신바람이 나게 자전거 종을 미리 한 번 울리고 나서 자전거에 걸어앉는데 주인이 나서서,

"조심하십시오. 땅이 미끄러운데 큰일 나시리다."

하고 경고한다.

"염려 맙쇼."

한 마디를 남기고 골목을 나섰다.

전차 길거리를 나서니 길이 넓고 훤한 바람에 익숙지 못한 운전 솜씨나마 속력 놓기에 매우 편하다. 종로 네거리를 조심조심 건너 종각 뒤로 꼬부라들었다. 카페에서 흘러나오는 레코드 소리를 듣는 둥 마는 둥 다시 꼬부라져 평양루 냉면집 좁은 골목을 속력을 낮추어 들어서는데 쓰러질 듯 말 듯 개천을 피하느라고 어리둥하다가 앞에 선 전주電柱에 코끝이 닿을 지경이 되었다. 위기일발! 핸들을 얼른 다른 쪽으로 돌렸으나 벌써 늦었다. 목판 한 귀퉁이가 전주와 덜컥

부딪치며 냉면 그릇이 뒤로 미끄러졌다.

'아차차' 소리를 치며 자전거를 멈추고 목판을 내려놓고 보니 천만다행으로 냉면 그릇은 까딱없고 김치 그릇이 뒤엎어졌고 장국 국물이 삼분의 일은 엎질러져 버렸다. 엎어진 화롯불을 두 손으로 주워 담듯이 엉겁결에 장갑 낀 손으로 김치를 주워 담고 생각하니 장차 먹을 사람에게 여간 미안한 게 아니다. 그러나 이미 저질러 놓은 일, 할 수 없는지라 그대로 그릇을 정돈하여 가지고 24× 번지를 찾았다.

자전거 등을 높이 들어 문패를 보니 옳게는 찾았다. 큼직한 대문에 전화번호까지 붙은 것을 보아 돈냥이나 있는 집 같다. 중문을 삐걱 열고 안마당으로 들어서면서,

"냉면 가져왔습니다."

하고 소리를 치니, 안방 문 미닫이문이 열리며 여자의 목소리가,

"이리 가져오."

한다. 툇마루 가까이 가서 목판을 내려놓았다. 주인마님인 듯한 그 여자는 방 윗목에 미리 준비하여 두었던 소반을 끌어당겨다 놓고 손수 냉면 그릇을 주섬주섬 집어다 놓는다. 기자는 슬금슬금 방 속을 기웃거렸다. 칸살이 넓은 두 칸 장방에 비단 방장房帳이 쫙 둘러쳐 있다. 자개 박은 조선장欌이

두 개, 그 옆으로 키 큰 양복장이 한 개, 그 외에도 너저분하게 치장해 놓은 것이 많다.

"다른 그릇에다 쏟구 그릇을 내주구려."

주인인 듯한 40 먹은 남자가 30 되어 보이는 그 여자에게 이르니까 그 여자는,

"딴 그릇에 옮기면 맛이 없어요."

한다. 그러더니 주전자의 장국을 따르다 말고,

"아—니, 국물이 요고뿐이야. 이걸 가지고 어떻게 먹으란 말이야."

하고 탁 쏜다.

"겨울에는 손님들이 국물을 많이 안 치니깝쇼."

"아—니, 그건 무슨 소리야. 별놈의 냉면집도 다 봤네. 그럼 더 치운 겨울에는 국물 없이 비벼먹고 말겠네…. 우리 집에서 냉면을 처음 먹어보는 줄 아나봐, 참!"

여자는 미닫이를 탁 닫으며 '참 멍텅구리' 한다. 국물 엎지른 잘못은 내게 있지만 어쩐지 아니꼽살스럽다.

툇마루 끝에서 30분을 걸터앉았노라니 춥기란 말할 수 없다. 볼기짝에 찬 기운이 올라와서 공연히 일어섰다 앉았다 하기를 네다섯 번은 하였다. 좋은 재료 거리나 있지 않을까 하고 두리번두리번 하여 보았으나 원체가 시원치 못하다. 이윽고 미닫이가 열리면서,

"거기 서 있지 말구 그대루 가우. 내일 아침 그릇 찾어갈 때 돈 받아 가구…"

하고 문이 탁 닫치어진다.

'이런 망할 놈의 집구석 봤나. 30분이나 이 치운 데서 떨게 하고는…' 하고 말이 입 밖으로 툭 터질 듯 말 듯 하는 것을 참고 '아니다, 남의 영업방해다' 하는 생각에 목판만 들고 그 집을 나와 자전거에 속력을 주어 냉면집 본영으로 돌아왔다.

종소리를 한 번 울리고 돌아오는 기자를 보고 주인은 꽤 걱정이 되었던지,

"어째 늦었습니까? 꼭 무슨 일이 난 줄 알았지요."

한다. 기자는 희떱게,

"웬걸요! 30분씩 기다리느라고 그랬지요."

하고 봉변당한 이야기를 하였다. 주인은 웃으면서 대칭송!

"그런 일은 흔히 있습니다. 참 용하게 배달하셨습니다."

둘째 번 배달이다. 재동 ×번지. 먼저보다도 먼 거리다. 만두 두 그릇, 떡국 하나, 냉면 하나를 메고 차디찬 북풍을 거슬러 재동 골목을 올라갔다. ××학교 맞은쪽 골목을 들어서 새로 지은 기와집이다. 기름칠한 대문을 삐걱 열고 중문을 들어섰다. 냉면집에서 오는 줄을 어느 틈에 알았는지 뜰 아래 방문이 왈칵 열린다. 먼저 눈에 띄는 것이 툇마루 끝에 흐트러진 서너 켤레의 남자 구두다.

'어떤 새서방님네들인구' 하고 목판을 툇마루에 걸치고 방안을 들여다보니 아차차 큰일 났다. 면분 있는 사람들이 걸리고 말았다. 변장 기자의 정체가 기어코 드러나고 마는구나 하고 가슴이 조이고 조여드는 판인데, 천만뜻밖에 이분들은 기자의 정체를 못 알아보는 모양이다.

'이러다가도 알 수 없지!' 하고 어두침침한 쪽에서 또 한 번 똑똑히 보니 틀림없이 그분들은 제××사의 OOO 씨, ×××사에 계신 분(이름은 잘 모른다), 국세 조사과에 다니시는 OOO 양이다. 방의 차림차림으로 보아 이 방의 주인은 동그레한 어여쁜 얼굴을 가진 OOO 양이 틀림없다. 그릇 나는 것을 가져간답시고 기다리고 섰는데, 따듯한 방안에서는 씩둑꺽둑 난센스 좌담에 꽃이 피었다. 무슨 소리들일까? 다음 배달이 급하니 섭섭하나 들은 이야기는 고만두자. 남자 한 분이 던져주는 1원짜리 지폐에 40전을 거슬러 주고 급급히 본영으로 돌아오니 주인, 배달부 들이 주는 칭송이 또 한층 높다.

셋째 번 배달이다. 반동강도 다 못 탄 담배를 팽개치고 만두 두 그릇을 메었다. 청진동 큰길을 올라가다가 이인李仁 변호사 사무소 골목을 꿰뚫으면 또 한 골목이 나온다. 다시 천변川邊께로 빠지는 몇 개의 좁은 골목을 자전거를 이끈 채 더듬다가 간신히 그 집을 찾았다.

청진동 25×번지. 좌우의 납작한 집에 비하여 한결 우뚝한 새 집이다. 문 앞에는 양복쟁이 신사 두 분이 지켜 서서 유심히 기자를 노려보고 섰다.

'웬 꼴짜들이야.' 나는 혼자 속으로 이렇게 중얼거리며 대문 중문을 거쳐 안마당으로 들어섰다. 안처는 더 한층 우뚝한 집이다. 요새 갓 지은 집이라 대청마루에 유리창을 해단 것이며 안방 툇마루 쪽으로 찬간饌間을 벌여 놓은 것이 제법 부릴 솜씨를 다 부린 듯하다.

"만두 시키셨습니까?"

하고 소리를 치니, 안방에서 늙은 마나님이 한 분,

"네—"

하고 나온다. 뒤이어 그 안방에서 젊은 여성의 목소리가 나온다.

"할멈 아랫방으로 들여다 놓게."

할멈은 급급히 고무신짝을 끄는 둥 마는 둥 아랫방 쪽으로 쫓아간다.

"자— 여기 내려노우. 돈은 내일 아침에 가져가우."

"그럽쇼."

나는 툇마루에 그릇을 내려놓고 빈 목판만 들고 나오는데, 막 대문 밖을 나서자마자 할멈은 대문을 걸어 잠근다. 문간에는 양복쟁이들이 여전히 서 있다.

자전거를 이끌고 골목을 나서려 할 때 나는 무심코 그 수상한 양복쟁이들을 돌아다보았다. 그때 내 눈에 비치는 괴상한 광경이여! 그 두 놈의 양복쟁이는 그 집 앞 쓰레기통을 딛고 전주에 의지하여 담을 뛰어넘고 있었다. 한 놈은 벌써 담 위에 올라서서 다른 한 놈의 손을 잡아 끌어올리고 하더니 어느 틈에 그 담을 뛰어넘어 그림자가 사라진 것이다. 알 수 없게 나의 가슴은 한없이 두근거린다. 나는 나도 모르게 그 집 문 앞을 다시 가까이 갔다. 전등불을 쳐들고 문패를 또 한 번 살펴보니, 문패의 이름은 조선에서 드문 성姓이요 가운뎃자가 계啓자다. ×계×! 듣던 이름도 같은 여자의 이름이다. 나는 문득 생각키웠다.

'맞았다. 부×의원 ×××의 첩이로구나.'

20분이 될락말락하여 나는 문을 흔들었다. 안에서는 아무 말이 없다. 더 한 번 힘껏 흔들었다. 그제야 고무신 끄는 소리가 나며 대문을 여는데, 바로 그 집 할멈이다. 눈이 휘둥그레해 가지고 가쁜 숨을 쉬며 한참 나를 쳐다보더니,

"아—이 참, 망할 것! 말 한마디도 없이 그렇게 문을 뒤흔들면 어쩌자는 게야."

한다.

"왜 그러서요. 난 그릇 찾으러 왔는데."

"주인 나리가 오시는 줄 알았지."

"주인 나리 온다고 그렇게 놀랠 거야 무엇 있어요, 할머니."

그제야 할멈은 안심이 되었는지 그리고 말밑천이라도 건지려고 했던지 빙그레 웃더니 능청맞게 소군소군한다.

"왜 알지! 다른 손님이 와 있단 말이야."

"네! 담 뛰어넘은 손님이지요? 재미 좋군요."

"쉬— 암말도 말어. 내 곧 그릇을 내다 줄게."

할멈은 중문을 걸고 들어가더니 그릇을 포개 들고 다시 문을 열고 나온다.

"자— 30전하고 요것은 담배값으로."

나의 손바닥에는 30전 이외에 일금 10전짜리 한 푼이 더하다.

"고맙습니다."

소리가 채 끝나기도 전에 대문은 덜컥 잠기었다. 40전을 조끼 봉창 속에 넣고 우물쭈물하다가 아랫방 창 쪽으로 귀를 기울여 보았다. 아무 말도 없다. 그러다가 조금 있더니 여자의 목소리가 처음 터져 나온다.

"참 못할 일이로구먼! 마음이 조여 견딜 수가 있어야지."

"배달부 놈의 자식이— 걱정 있나. 우리는 두 사람인데 여차직하면—"

낮고도 굵은 남성의 목소리이다. '여차직하면' 하고 말을 끊는 것을 보면 그 다음에 시원치 않은 주먹을 걷어붙이고 여자에게 내보였을지 모른다.

좀 더 기다려볼까 하다가 배달 시간이 바빠서 고만두었다.

"멀쩡한 도적년놈들!"

한 마디 욕설을 남기고 본영으로 돌아오니 벌써 시간은 열두 시 사십 분이나 되었다. '다음 배달만 더해 보리라' 하고 마루 끝에 걸터앉아 담배 한 대를 피워 물었다.

넷째 번 배달이다. 서대문정 1정목 19××번지의 ×호. 대단히 까다로운 번지다. 전찻길에서 방송국 쪽으로 가다가 제일고등여학교 뒷골목으로 들어서 몇째 안되는 집이다. 등불로 이 집 저 집 문패를 살피다가 판장한 집 문으로 들어섰다. 납작한 일본식 집이나 조선 사람이 사는 모양이다. ××××회사 사택이나 아닌지?

좁은 마당 복판에 서서,

"떡국 가져 왔습니다."

하니까 잠잠하더니 아랫방(?)에서 여자의 목소리가 급한 듯이 나온다.

"잠깐만 기다려요."

그 목소리가 웬일인지 나의 귀에는 이상하게 들리었다. 나는 본능적으로 머리끝이 쭈뼛해지고 가슴이 두방망이질하였다. 그러자 2,3분이나 되었을까 방안에서 소군소군하더니 방문이 열리며 속옷 입은 채로 머리를 풀어

흩트린 십팔구 세의 여자가 나온다. 나는 그때 방안의 모든 정경을 눈 빨리 엿보았다. 아랫목 쪽으로 이불을 쓰고 누운 사람이 있다. 확실히 남자인 것만은 알 수 있었다. 벽에 걸린 치마 그리고 교복 양복으로 보아 이 여자가 ××여학교 생도인 것이 분명하다. 나는 질투 아닌 질투의 불길을 일으키며 부질없이 그 여자에 대한 모든 것을 알고 싶었다. 남의 집 아랫방에 세 들어 자취하고 있는 흔적이 보이지 않는가. 그러면 그 남자는 애인일까? 애인 사이라고도 볼 수는 있겠지만 기자의 소위 제육감第六感이 용허하지를 않는다.

그러면 무엇이냐? 당자에게는 미안할지 모르나 '학생 밀매음'이라 부를 수밖에 없다.

그 여자(과히 밉지 않은 갸름한 얼굴이다)는 툇마루에 얹어놓은 소반을 방으로 들여가더니, 조금 있다가 일금 30전을 내어준다.

"그릇은 내일 아침에 가져가서요."

"그럽쇼."

나는 그 여자의 얼굴을 다시 한 번 힐끗 보고서 그 집을 나왔다. 그 여자는 뒤따라 나오며 판자문(일본식 문)을 고리 걸고 들어간다.

나는 자전거를 몰아 본영으로 돌아오며 이것저것 오늘 밤 일을 생각해 보았다. 일찍이 체험하지 못한 것을 해본 것이

통쾌는 하나, 끝끝내 마음에 걸리는 것이 그 여학생이다.

"그 어린 학생은 어째서 그렇게 되었을까?"

하고 생각하니 생각할수록 가슴이 아프다.

냉면집 본영에 돌아오는 길로 배달부에게 물었다.

"네, 네, 그 집 말씀이지요! 밀가루예요. 매일 저녁 남자들이 안 꾀이는 날이 없지요."

배달부들은 이구동성으로 이같이 말한다.

나는 양복을 갈아입고 옷 보따리를 끼고 냉면집 주인과 배달부 제군에게 깊이 사례하고 그 집을 나왔다. 큰길 거리는 벌써 쓸쓸하다. 유흥객들을 실은 80전 택시가 세가 나도록 달리고 있다.

'차나 한 잔 먹고 갈까.'

하고 길가 카페를 바라보니 벌써 문을 닫았다. 그래도 안에서는 손님들로 북적북적하는 모양이다.

'벌써 두 시가 지났나?'

하고 걸음을 빨리하여 견지동 큰길을 안국동 쪽으로 향하는데 찬바람은 훅훅 끼치고 모가지와 왼팔이 뻐근한 것을 그제야 깨닫게 되었다.

—《별건곤》 1932.2

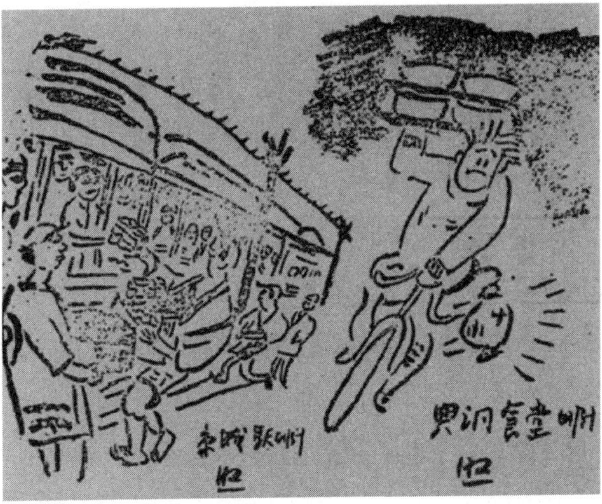

우리나라 최초의 여성 서양화가
나혜석의 드로잉. 1930년대 초의
모습을 그린 것으로 추정된다.
오른쪽 그림 〈전동식당에서〉는
자전거를 몰고 곡예하듯 음식을 배달하는
배달부의 모습이다. 안석영의 만평 속
음식 배달부를 빼닮았다.

***

1936년 7월 23일자 《매일신보》는 '여름철 점심시간이면 냉면집 전화통에서 불이 날 지경'이었다고 쓰고 있다. 1920년대 들어서야 서울에 냉면집이 자리 잡기 시작한 것을 생각하면 채 십 여년 만에 얼마나 외식문화가 바뀌었는지를 짐작할 수 있다. 오늘의 총알 배송을 연상케 하는 배달 음식의 주품목은 냉면, 설렁탕, 만두 등이었다.

이 글은 《별건곤》 기자가 배달부로 위장해 세태를 취재하는 르포르타주 기사이다. 그만큼 음식 배달이 보편화되었기 때문에 가능한 기획이었을 것이다. 여러 가지 음식이 배달 품목에 들어 있는데도 '냉면 배달부가 되어'라고 제목을 붙인 것을 보면, 당시 냉면이 가장 대표적인 배달 음식이었음을 알 수 있다.

4부

냉면 기행

조선 명물 평양냉면

유지영*

이동문학가, 언론인. 언론인으로 활동하며 동요, 동화, 희곡 작품을 발표. 동요 〈고드름〉 〈봄이 오면〉 등이 대표 작품.

소오小梧**형! 이곳 음식은 그만 해도 중국이 가까워서 그러한지 대체로 기름지게 해먹는 품을 보아서든지 만들어놓은 모양으로 보아서든지, 맛으로나 볼품으로나 중국요리와 비슷한 점이 많습니다.

더욱이 어떤 규모 있다는 구가정의 음식을 보니 서울 사람 나로서는 맛 붙여서 먹음직한 것이 하나도 없었는데,

---

* 필명 버들쇠. 이 글은 유지영이 버들쇠라는 필명으로 1926년 8월 《동아일보》에 15회에 걸쳐 연재한 기행문 '평양 인상'의 일부(9~10회)이다. 9회에서는 평양 음식의 개요와 함께 평양냉면을, 10회에서는 어복장국을 주로 다루면서 냉면 이야기를 포함하고 있는데, 두 글을 합쳐 소개하면서 제목을 바꾸었다.

** 당시 동아일보 문화부 기자였던 설의식.

신가정이나 학교 출신이 많이 있는 집 음식을 보건대 더구나 중국요리에 가까운 점이 많습니다. 이렇게 몇 곳 보지 아니하고 자세한 것은 알 수 없을 것이나, 신가정의 요리는 많이 개량되어서 그 같을 것이라는 추측으로 재래의 평양 요리란 아주 하잘것없었으리라고 생각합니다. 요리점 음식상을 보면 중국요리 그대로를 옮겨온 듯한 것도 있으며, 일본요리를 그대로 옮겨다 놓은 것도 있습니다.

일본 가마보코*, 지쿠와** 같은 것을 그대로 썰어놓기도 하며, 통조림缶詰 같은 것을 뜯어놓는 일도 많으며, 카스텔라 같은 것을 썰어놓기도 합니다. 그에다가 근래에는 서울서도 많이 씁디다마는 나라즈케***, 다쿠앙 같은 것까지 곁들여 놓으니, 요리상에 접시는 굉장히 많이 벌여놓으나 실상 조선요리라고는 몇 접시가 못 됩니다.

어찌했든 평양 요리란 모양으로 보아서든지 맛으로 보아서든지 서울만 못한 것인 줄로 아십시오. 그러나 신가정에 있어서는 서울보다 맛있는 음식을 얻어먹을 수가 있다는 것을, 평양요리가 통틀어 나쁜 것이 아니란 것을 변명

---

* 어묵.

** 원통형 어묵.

*** 장아찌의 일종.

겸 한마디 해둡니다.

소오 형! 이곳 음식으로는 전 조선적으로 유명한 것이 세 가지가 있고, 특별히 잘한다는 칭찬을 받는 것이 두 가지가 있으니, 전자는 냉면, 어복장국, 어죽 등이요, 후자는 맹물*, 약주상** 등입니다.

냉면이란 어디 것 어디 것 합니다마는 평양냉면같이 이름 높은 것이 없습니다. 실로 말뿐이 아니라 유명하도록 되었습니다. 이곳 냉면은 첫째, 국수가 좋고, 둘째 고기가 많고, 셋째 양념을 잘합니다. 게다가 분량조차 많고 값조차 눅은데야 더할 나위가 있겠습니까.

서울서는 제아무리 잘 만드는 국수라도 밀가루를 섞습니다만, 이곳에서는 순전한 메밀로만 만듭니다. 그리고 쇠고기, 돼지고기 등의 고기를 서울보다 갑절씩이나 넣는 모양인데, 평양육平壤肉이 얼마나 맛있는지는 형도 이미 아시는 바이라 누누이 말하지 않겠습니다. 게다가 닭고기와 달걀까지 넣으며, 잘하는 것은 닭 삶은 국물에다 말아서 갖은 양념을 해놓으니 과연 얼마나 맛이 있겠습니까? 게다가

---

* 설렁탕 비슷한 요리. 쇠고기 가운데 혹살, 혓바닥, 우랑우신 등 맛있고 연한 고기만 골라 끓인다.

** 안주상이라고도 하며, 온갖 고기붙이와 야채 등속을 곁들여 술상으로 차려내는 요리.

분량은 서울냉면의 갑절이 실히 되며, 값은 단 15전입니다. 이곳 문자로 '맛박아' '비벼' 놓으면 그 맛이란 참으로 무엇에다 비하겠습니까? 맛박는다는 말은 국수를 조금 적게 넣고 그 대신에 고기를 더 넣어서 만든다는 것이며, 비빈다는 말은 기름, 깨, 소금을 많이 넣어 양념을 더 잘한다는 것입니다. 맛박아 놓은 것이라도 국수의 분량은 서울 25전짜리 냉면 한 그릇보다는 많습니다.

소오 형! 그리고 이곳 냉면은 여름은 제철이 아니랍니다. 원래는 겨울이 제철이랍니다. 여름에는 고기 국물에다 국수를 마는 터이나 겨울에는 동치밋국에다가 만다고 합니다. 고기 국물이라도 서울냉면 국물이란 맹물에 간장을 끼뜨린 것 같아서 한 모금도 마실 맛이 없건만, 이곳 냉면 국물은 고기 삶아낸 국물 그대로를 차게 해서 붓는 것이라 맛이 훌륭합니다. 그래도 이곳 사람들은 여름 냉면 국은 먹을 맛이 없다고 하며, 겨울 국은 참말 맛이 있느니라고 합니다!

나는 몇 해 전 겨울에 이곳에 왔다가 한 번 먹어본 일이 있는 듯합니다. 그때 기억은 다 사라지고 알 수 없습니다만, 하도 잘한다니 한 번 먹어보고 싶은 생각이 간절합니다. 그 까닭에 냉면이 팔리는 양도 겨울이 여름보다 갑절은 더 팔린다고 합니다.

소오 형! 평양의 어복장국이란 형도 아시는 바와 같이 조선의 명물로 치는 것이 아닙니까? 명물 중에도 가장 이름난 것이니만큼 실로 맛도 좋거니와, 담은 그릇도 특별하며 먹는 법조차 재미스럽습니다.

먼저 어복장국이란 이름의 해석부터 적어 올리지요. 어복이라고 한자로 쓰자면 魚腹이라고 쓴답니다. 이곳 사람들도 여러 가지 말을 하는 것을 볼진대 필경 그 내력은 분명히는 모르는 듯합니다. 모든 사람의 이야기를 종합해 들으면, 어느 때부터 이 음식이 생긴 것인지 자세히는 모르겠으나, 당초에는 쇠고기로 만들지를 아니하고 물고기 내장을 가지고 만들었던 모양입니다. 그래서 어복이라고 한 듯한데, 그 후 소의 내장에다가 소의 골수를 섞어 가지고 만들었다고 합니다. 그 다음 쇠고기에 소의 골수를 섞어 마침내 지금의 어복장국이 된 모양입니다.

그런데 지금의 어복장국은 순전한 연한 암소의 가슴팍 - 경성서 '업주인'이라고 소위 편육을 만드는 고기 - 으로 만드는데, 그중에도 잘 만드는 어복에는 지금도 골수를 넣는다고 합니다. 하지만 대개는 값이 비싸고 구하기가 어려운 까닭으로 골수는 넣지 않고, '업주인' 고기로만 만든다고 합니다. 지금 어복장국 만드는 법은 서울서 편육 만드는 기름진 고기를 편육같이 넙적넙적하게 썰어서 서울의 소위 곰국 건더기 양념하듯이 갖은 양념을 하여 그 고기를 삶아낸 국에 넣습니다. 그러니 과연 얼마나 맛이 있겠습니까.

더욱이 그 담는 그릇이 홍치 있어 한층 맛이 있습니다. 그릇은 요사이는 서울 유기전에서 가끔 볼 수 있습니다만, 역시 평안도에 특유한 것입니다. 쉽게 말하자면 굽 달린 놋쟁반입니다. 서울서 그릇 받침에 쓰는 쟁반에다 술소반만큼 굽을 단 것인데, 그 쟁반의 크기가 세숫대야 둘레만 합니다. 그런 넙적한 쟁반에다 앞에 말한 장국을 담아서 소반 위에 올려놓고, 쟁반 가운데 큼직한 보시기에 초장을 만들어 들여놓습니다.

소오 형! 이것만으로도 홍치가 적지 않지만, 그 먹는 법이 - 시원스럽고 거침없이 말하는 사람은 지저분하다고도 할는지 모르겠으나 - 여간 홍치스럽지 않습니다.

첫째, 국수집에 떡 들어가면서 "'쟁반' 하나 만들어주소" 하면 주인의 대답이 "그럽시다" 합니다. 자리를 정하고 앉아서 조금 기다리면 앞에 말한 바와 같은 큰 쟁반에다 어복장국을 담아다가 놓습니다. 우선 팔뚝을 걷어붙이고 소주를 따라서 권커니 잣거니 마셔가면서 고기를 집어먹다가, 쟁반의 한 귀를 들어서 국물을 마시라고 돌려가면서 권합니다. 그리하여 한 바퀴 돌아가면서 국물을 마시고 나서 또다시 고기를 집어먹고 또다시 국물을 마시고 하여, 그 고기가 거의 다

없어지도록 술을 마시다가 국수를 가져오라고 합니다.

국수는 서울냉면 국수 분량만큼 식사래를 지어서 앉은 사람의 수효대로 무더기무더기 쏟아놓습니다. 이제부터는 국수를 먹게 됩니다. 그중에 술을 더 먹겠다는 사람은 국수는 놓아두고 술을 더 먹습니다. 대개는 이제는 술은 더 먹을 수 없다고 합의가 되어 국수를 갖다 놓은 것이라, 술 먹는 사람은 없이 됩니다.

고기가 적을 때에는 어복 고기를 더 썰어 오라고 하든지 그렇지 않으면 '산적'을 가져오라고 하여 그 국에다 띄워서 먹습니다. 국수가 한 사래로 부족한 때에는 "뵘싸레요" 하고 소리를 칩니다. '뵘싸레'란 말은 이곳의 독특한 말로 서울말로 번역하면 "한 사래 더 주시오" 하는 의미입니다. 의미는 그러하나 "한 사래 더 주시오" 하면 말의 묘미를 잃게 됩니다.

—《동아일보》 1926.8.21-8.22

38선을 넘어 찾은 평양냉면집

선우진

1945년 1월 중국 중경의 대한민국임시정부 시절부터 김구 선생이 서거하기까지 곁에서 모셨으며, 1948년 4월 남북협상을 위한 평양 방문길에 동행하였다.

어느 날인지 정확하게 기억나지 않지만, 백범 선생은 평양냉면집을 찾기도 했다. 호텔 측에서 신변보호 운운하며 나들이를 못하게 했기 때문에 냉면 맛을 보기 위해 약간의 작전을 짜야 했다. 백범 선생은 이날 조반 때 예의 점심 주문을 요구받았지만, "아무 거나 먹지" 하고 적당히 얼버무렸다가 점심때가 다 되어, "오늘은 나가 평양냉면이나 먹겠다"며 의관을 챙겼다. 당황한 지배인은 "여기서도 얼마든지 평양냉면을 갖다 드릴 수 있습니다" 하며 한사코 말렸다. 그러나 선생이 "이 사람아, 냉면은 뜨끈한 삿자리에 앉아 먹어야 맛이 나지" 하고 짐짓 나무라자 더 이상 잡지 못했다.

백범 선생과 김신 씨, 김우전 동지와 나는 세단차를, 안내원은 덮개를 씌운 소련제 지프차를 타고 뒤따라오는 경비원들의 호위를 받으며 냉면집을 찾았다. 김우전 동지가 옛 화신백화점에서 서문통西門通으로 얼마 안 가 오른편 골목 안에 있는 기성면옥箕城麵屋이라는 냉면집에 안내하여 들어갔다.

그 집은 서울의 뒷골목 선술집처럼 90도로 다락방에 올라가는 사다리가 걸쳐진 자그마한 한옥으로, 마루방에 손님이 한 무리가 있었을 뿐 한적했다. 흙 온돌 위에 갈대를 쪼개 열십자로 크게 짠 뜨끈뜨끈한 삿자리 방을 차지한 우리는 쟁반 두 상을 시켰다. 40세 가량의 뚱뚱한 여자 주인은 우리가 타고 간 고급 승용차에 처음엔 어리둥절해하더니 이내 우리 정체를 파악한 모양이었다.

놋쇠 쟁반 그득한 양념 국물에 닭고기를 비롯한 고기류와 표고버섯 등 갖가지 재료를 넣은 냉면이 먹음직스러웠다. 뜨끈뜨끈한 바닥에 앉아 들이키는 서늘한 동치미 맛은 정말 일품이었다. 그때 만난 사람들의 이름은 잊었지만 반세기가 넘도록 냉면과 동치미 맛은 아직도 혀끝에서 맴돌고 있을 정도로 말이다. 식성이 좋은 백범 선생은 "50년 만에 평양냉면을 먹어보니 예전 맛이 다시 난다"며 쟁반 한 그릇을 뚝딱 드시고 한 그릇을 또 시키셨다. 평소 입에 대지 않던 소주까지 곁들이셨다. 내내 경계심을 늦추지 않았던 선생도 평양냉면 앞에서는 마음이 절로 풀어지는 듯했다.

—《백범 선생과 함께한 나날들》*

* 선우진, 《백범 선생과 함께한 나날들》(푸른역사), 143쪽.

***

백범 김구의 고향은 해주에서 가깝다. 해주를 비롯한 황해도의 음식으로 냉면이 유명해서인지 김구의 일화에 냉면이 여러 번 등장한다.

김구는 1899년경 승려의 신분으로 평양 지역에 잠시 머물렀다. 이때 "대동문 옆에 가서 면을 먹었다"는 기록이 《백범일지》에 나온다. 선우진의 회고록에 의하면 김구는 1948년 남북연석회의를 위해 평양을 방문했을 때, "50년 만에 평양냉면을 먹어보니 예전 맛이 다시 난다"고 말하고 있다. 시기가 딱 맞아떨어지는 것으로 보아 승려 시절 평양에서 김구가 먹은 면 속에는 냉면도 포함되었던 모양이다.

승복을 벗어버리고 환속한 김구는 고향에 돌아와 교육사업에 종사한다. 이때 김구는 장련군수의 부탁으로 해주 출장을 간다. 농상공부에서 내려 보내는 뽕나무 묘목을 찾아오는 일이었다. 이때의 일을 《백범일지》는 이렇게 적고 있다.

"한 번은 군수 윤구영이 나를 불러 해주에 가서 농상공부에서 보내는 뽕나무 묘목을 찾아오는 일을 맡겼다. 수리首吏 정창극이 나를 군수에게 추천한 것이었다. 나는 200냥 노자를 타 가지고 걸어서 해주로 갔다. 말이나 교군을 타라는 것이었지만 아니 탔다.

해주에는 농상공부 주사가 특파되어 와서 묘목을 각 군에 배부하

***

고 있었다. 정부에서 전국에 양잠을 장려하노라고 일본으로부터 뽕나무 묘목을 실어 들여온 것이다.

묘목은 다 마른 것이었다. 나는 마른 묘목을 무엇 하냐고 아니 받는다고 하였더니 농상공부 주사는 대로하여 상부의 명령을 거역하느냐고 나를 꾸짖었다. 나도 마주 대로하여 나라에서 보내는 묘목을 마르게 한 책임이 누구에게 있는지 알아야 한다 하고 관찰부에 이 사유를 보고한다고 하였더니, 주사는 겁이 나는 모양이어서 나에게 생생한 것으로 마음대로 골라 가라고 간청하였다.

나는 이리하여 산 묘목 수천 본을 골라서 말에 싣고 돌아왔다. 노자는 모두 일흔 냥을 쓰고 일백 서른 냥을 정창극에게 돌렸다. 나는 짚세기 한 켤레에 얼마, 냉면 한 그릇에 얼마, 이 모양으로 돈 쓴 데를 자세히 적어서 남은 돈과 함께 주었다."

출장 가서 냉면을 먹었다는 이야기가 들어 있다. 김구의 청렴하고 강직한 모습을 볼 수 있는 대목이기도 하다.

눈물로 삼킨 옥류관 냉면

심혜진 | 《오마이뉴스》 시민기자.

'을○대' '우○옥' '봉○양' '필○면옥'…. 어제 하루종일 SNS와 언론에 오르내린 식당 이름이다. 모두 평양냉면으로 유명한 맛집들이다. 김정은 국방위원장이 '평양랭면'을 평양에서 '어렵사리' 판문점까지 가져왔다는 소식을 접하고, 바로 그 맛을 보기 위해 많은 이들이 식당 앞에 긴 줄을 섰다고 한다. 맛도 맛이지만, 아마 남북정상회담의 감격을 함께 즐기며 기념하고 싶은 마음이 더 컸으리라 생각한다. 젊은 층들은 벌써 버킷리스트에 '평양 옥류관에서 냉면 먹기'를 추가하고 있단다.

뉴스를 보며 깨달았다. 내가 2005년 평양, 2006년 금강산에서 먹었던 냉면이 바로 '옥류관'의 평양냉면이었다는 걸. 확신이 서지 않아 당시 함께 여행했던 이들에게 재차 확인을 했다. 다들 당연한 걸 묻는다는, 어이없다는 반응이었다. 나는 한참 동안 이 사실을 잊고 있었다. 게다가 금강산에선 평양냉면을 못 먹을 뻔하기도 했다. 버킷리스트에 넣을 것도 없이, 이미 북한의 맛집에 다녀온 것을 잊은 데에는 분명한 이유가 있다. 문득 그때의 일이 떠올랐다.

2005년 남북교류사업을 하는 시민단체에서 '광복 60주년 기념 아리랑축전' 참가자를 모집했다. 1박2일 동안 평양을 방문해 유적지를 돌아보고 저녁에 아리랑축전을 관람하는 일정이었다. 단체관광을 싫어했고 일사분란한 대집단체조에도 관심이 없어 가지 않으려 했다. 그런데 주위에서 너도나도 신청을 하자 마음이 동했다. 전세 비행기를 이용해야 했기에 비용이 꽤 비쌌다. '관계가 좋아져 비용이 좀 저렴해지면 그때 갈까?' 하는 생각도 있었다. 한편으론 왠지 다시없을 기회 같기도 했다. 고민 끝에 엄마와 함께 그곳, 평양에 가보기로 했다.

신청을 한 뒤에도 바쁜 일상에 밀려 평양에 간다는 것을 제대로 실감하지 못했다. 떠나기 직전에야 부랴부랴 달러 환전을 하고 회사에 제출할 연가 신청서를 작성했다. 해외에 나갈 경우 해당 국가를 적어야 한다. '평양'이라는 글자를 적는 순간부터 가슴이 콩닥거리기 시작했다. 상사에게 결재를 받는데, 그분이 나를 올려다보며 이렇게 말했다.

"혹시, 못 돌아오는 거 아니야?"

평양 순안공항에 도착해 그때부터 버스로 이동했다. 선글라스를 낀 북측 안내자는 무척 친절하고 유머가 넘쳤다. 긴장됐던 마음이 일순간에 편안해졌다. 평양에선 모든 일정이 완벽하게 짜여 있었다. 다들 돌아보는 곳마다 사진 찍기에 바빴다. 그런데 안내자는 '버스 안에서 평양 시내를 촬영하는 건 안된다'고 했다.

그들은 우리나라에서 '북한'의 특정 이미지를 이용해 온 방식을 걱정했다. 가난한 독재국가, 김일성사상에 세뇌당한 불쌍한 국민. 실제로 평양의 거리는 온통 회색빛이었고 저녁이 되면 사방이 컴컴했다. 그나마 시내엔 세련되고 깔끔한 복장을 한 이들이 많았지만, 조금만 벗어나도 낡은 국방색 옷을 입고 지게를 진 이들이 보였다. 엄마는 '1960년대의 한국을 보는 것 같다'며 옛 생각에 눈물을 글썽였다.

어느 나라든 그 사회가 움직여 온 '맥락'이 있다. 그 맥락과 역사는 무시하고 우리보다 못한 모습만 부각해 이를 정치에 이용해 온 것이 우리가 북한을 대해 온 방식이었다. 여기에 '빨갱이'와 '미사일'까지. 평범한 사람들의 머릿속에 있는 북한의 이미지 역시 이와 크게 다르지 않았다. 북측에선 모처럼 찾아온 평화와 교류의 시간이 이전의 방식을 재생산하는 데 이용되지 않길 바란 것이다. 난 그의 말에 동의했다. 평양 거리를 찍고 싶은 마음이 한가득이었지만, 버스에 타면 카메라를 가방 안에 넣고 꺼내지 않았다.

우리가 평양에 왔다는 걸 시민들도 알고 있었다. 우리가 탄 버스가 줄 지어 지나가면 그들은 반갑게 손을 흔들어주었다. 어린아이들은 무척 쑥스러워하면서도 가장 마지막까지 흔들던 손을 내리지 않았다. 이게 진짜 현실인지 실감이 나지 않았다. 차에서 내려 손을 잡고 이야기를 나누고 싶었다. 고작 창문 하나를 사이에 두고 있을 뿐인데 그럴 수 없다니, 반가운 만큼 속상함도 컸다.

옥류관에 간 건 첫날 점심이었던 것 같다. 그땐 옥류관이 그렇게 유명한 곳인지 몰랐다. 식당 안은 아주 넓었고 동그란 테이블들이 늘어서 있었다. 평양냉면과 빈대떡이 함께 나왔다. 빈대떡은 그동안 먹어온 것과 생김새가 달랐다. 가장자리가 울퉁불퉁한 곳이 없이, 거의 완벽한 원 모양이었다. 아주 깔끔하고 정갈해 보였다.

잠시 후 냉면이 나왔다. 새콤달콤한 물냉면과 달리 평양냉면은 슴슴하고 밍밍했다. 정말 그랬다. 면도 질기지 않고 이로 뚝뚝 잘렸다. 딱히 맛있다고 하기 힘든, 약간 고전적인 듯 생소한 맛이었다. 엄마는 가뜩이나 냉면을 좋아하지 않았다.

"안 달아서 그나마 다행이다."

이것이 엄마와 나의 옥류관 평양냉면에 대한 한 줄 평이었다.

이듬해인 2006년엔 금강산에 갔다. 평양도 다녀왔는데 금강산쯤은 고민할 것도 없었다. 이번에도 엄마와 함께 갔다. 금강산 여행은 현대아산이 담당하고 있었다. 동해선 도로 남북출입사무소를 거쳐 육로로 올라갔다. 버스로 이동을 하니 2박3일 일정인데도 비용은 훨씬 저렴했다. 금강산의 유명한 장소를 각자 자유롭게 둘러볼 수 있었다. 식사도 짜인 일정 없이 원하는 곳에서 했다. 평양 참관 때보다 훨씬 자유롭고 마음에도 여유가 생겼다.

버스에는 현대아산 직원이 한 명씩 배정돼 관광객을 인솔했다. 우리 차에는 20대의 젊은 남성 직원이 배치돼 이동하는 틈틈이 갖가지 설명을 곁들였다. 그는 이왕 북한에 왔으니 두 가지는 꼭 먹어보길 바란다고 했다. '금강원'의 흑돼지구이와 옥류관의 평양냉면이었다. 평양의 옥류관이 금강산에 분점을 낸 것이다. 엄마와 나는 동시에 눈을 마주치며 고개를 가로저었다.

"아, 그 맛없는 냉면? 우린 안 먹어도 돼."

첫날 오후 늦게 도착해 금강산엔 가지 못했다. 다음날 아홉 마리의 용이 산다는 구룡연과 구룡폭포, 상팔담까지 둘러보았다. 특히 전래동화 〈선녀와 나무꾼〉의 배경인, 여덟 개의 연못이 이어진 상팔담은 옥색 물빛이 고왔고, 주변 경치도 감탄이 절로 나올 만큼 아름다웠다. 그날 저녁 흑돼지구이를 먹었다. 맛은 당연히 좋았다.

마지막 날엔 만물상에 오르기로 했다. 피로가 약간 쌓인 아침, 여행 내내 우리의 발이 되어준 관광버스에 올랐다. 마지막 관광지로 향하던 차 안에서 현대아산 직원이 마이크를 잡았다. 그는, 오늘처럼 여행의 마지막 날이 되면 아쉬움 때문인지 차 안 분위기가 이전과 많이 달라진다고 했다. 그런데 가장 마주하기 힘든 것은 이산가족 상봉 행사 참가자들의 마지막 날 아침이었다.

그는 금강산 관광 안내만이 아니라 당시 활발히 이뤄지던 이산가족 상봉 참가자 인솔도 맡고 있었다. 50년이 넘도록 생사 확인도 못한 채 그리워하기만 했던 가족을 만났으니 얼마나 들뜨고 설레었을까. 그러나 세상 다 가진 것처럼 활기 넘치던 이들이 마지막 날 아침이 되면 무거운 침묵 속에 잠긴다는 것이다. 잠시 후면 언제 만날지 기약 없는, 또다시

길고 긴 이별을 받아들여야 한다. 어쩌면 마지막 만남이 될지 모르는.

만물상은 코스가 길어 시간이 꽤 걸렸다. 안으로 들어갈수록, 수직으로 쩍쩍 갈라진 절벽들과 셀 수 없이 솟은 봉우리가 병풍처럼 펼쳐진, 그야말로 상상을 초월하는 광경에 입이 다물어지지 않았다. 눈으로 보면서도 믿기 힘든 그림 같은 풍경이었다.

내려와 한숨을 돌린 뒤 간단히 점심을 먹으려 했다. 이제 잠시 후면 집으로 돌아가게 될 것이다. 휴게장소에 앉아 느긋하게 쉬며 여행을 되돌아봤다. 그 순간, 오전에 차 안에서 들은 이야기가 생각났다. 한창 신났던 기분이 갑자기 이상해졌다. 이산가족의 마음에 너무 깊이 동화가 된 것인지, 어쩌면 나도 이곳에 다시 올 수 없을지 모른다는 생각에 마음이 다급했다. 멀쩡히 살아 있는 사람들의 영원한 이별이라니, 눈물이 나왔다. 내가 훌쩍거리자 엄마는 '너무 힘들었나 보다'며 나를 달랬다. 나는 울면서 말했다.

"엄마, 우리 마지막으로 평양냉면 먹어요. 그거 먹어야 될 것 같아."

버스 시간까진 한 시간 남짓 남았다. 엄마와 나는 옥류관을 향해 달렸다. 마음은 급했지만 최대한 천천히 꼭꼭 씹고 국물 맛을 음미하며 한 입 한 입 온 감각으로 냉면을 먹었다. 돌아가면 맛 볼 수 없다는 생각에서였을까. 내게도, 엄마에게도 그날 먹은 냉면은 인생 최고의 냉면이었다.

결국 그날 평양냉면은 북에서 맛 본 마지막 식사가 되었다. 다시 북에 갈 수 없었으니까. 언제부턴가 사람들이 맛집을 찾아다니며 평양냉면 타령을 할 때, 나는 내가 먹은 냉면이 바로 그것이라고 생각지 못했다. 북과 관계가 단절된 후, 내가 눈물로 삼킨 그 냉면도 나와 완전히 끊어진 듯 여겼기 때문이다. 그날을 떠올리면 눈물처럼 밍밍했던 냉면이 떠올라 슬퍼졌다. 사람들이 가벼운 한 끼 식사로 그토록 '슬픈' 냉면을 원할 리 없지 않은가? 나는 무의식적으로 그날의 냉면과 금강산의 화려한 풍경과 이산가족과 단절된 슬픔을 떠올리지 않으려 애쓰며 살아온 것이다.

남북정상회담에서 '멀리서 어렵사리 평양냉면을 가져왔다'라는 말을 듣고 잊었던 냉면이 떠올랐다. 그랬지, 내가 그 냉면을 먹었었지. 하루종일 눈물을 찔끔거리느라 눈이 퉁퉁 부었다.

그래도 아마 가장 많은 눈물을 흘린 이들은 이산가족 당사자와 그 가족들이었을 것 같다. 다른 무엇보다 이산가족 상봉이 가장 먼저 이뤄졌으면 한다. 상봉 후 그들이 맞이해야 할 마지막 아침은 상상만으로도 가슴이 아프다. 편지든,

통신이든 그들이 지속적으로 교류할 수 있었으면 한다.

나도 버킷리스트에 '옥류관에서 평양냉면 먹기'를 추가할까 한다. 아, 이건 너무 쉽겠구나. 그렇다면 '북한 주민들과 어깨동무하고 사진 찍기' 미션도 이룰 수 있기를. 그날을 손꼽아 기다린다.

—《오마이뉴스》 2018.04.28

©Uri Tours

나는 울면서 말했다.
"엄마, 우리 마지막으로 평양냉면 먹어요.
그거 먹어야 될 것 같아." 버스 시간까진
한 시간 남짓 남았다. 엄마와 나는 옥류관을
향해 달렸다. 마음은 급했지만 최대한
천천히 꼭꼭 씹고 국물 맛을 음미하며
한 입 한 입 온 감각으로 냉면을 먹었다.
돌아가면 맛 볼 수 없다는 생각에서였을까.
내게도, 엄마에게도 그날 먹은 냉면은
인생 최고의 냉면이었다.

ⓒ東京のエビフライ

남북정상회담에서
'멀리서 어렵사리 평양냉면을 가져왔다'
라는 말을 듣고 잊었던 냉면이 떠올랐다.
그랬지, 내가 그 냉면을 먹었었지.
하루종일 눈물을 찔끔거리느라
눈이 퉁퉁 부었다.

북한의 별미를 찾아서

최재영

목사.
NK(New Korea) VISION 2020
대표.

평양냉면의 메카 옥류관을 찾다

오늘은 평양시 중구역 창전동 대동강 서쪽 강변에 자리 잡은 옥류관을 찾아 냉면과 간단한 요리들을 먹어보기로 했다. 옥류관이라는 간판은 대동강이 옥구슬처럼 흐르는 옥류교 옆에 있다고 해서 붙인 이름이라고 한다.

주차장에 도착하니 워낙 건물이 웅장해서 그 위용에 저절로 압도되었다. 줄을 서서 자유분방하게 기다리는 수많은 시민들의 모습에 다시 한 번 놀랐다. 그렇지 않아도 평소 냉면 마니아인 필자는 몇 차례 방북했을 때마다 이곳을 반드시 방문했으나, 오늘 따라 평양냉면 맛을 다시 볼 수 있게 되어 마음이 들떠 있었다.

옥류관의 브랜드 음식은 아무래도 냉면이다. 냉면 중에도 '평양랭면'과 '평양온반'이 가장 유명하고, 그 외에 다른 요리 메뉴들도 매우 다양했다. 옥류관은 이제 명실공히 '냉면'만을 전문으로 판매하는 식당과 '일반요리'를 전문으로 판매하는 식당, 이 두 가지 콘셉트로 통큰 영업을 하고 있었다.

이날도 평양 시민들이나 일반주민들은 예외 없이 본관에 입장하기 위해 줄을 서서 장사진을 이루었으며, 손님 가운데는 단체손님들도 꽤 있어 보였다. 그러나 나 같은 해외동포들은 줄을 서서 기다리지 않도록 별도의 출입문으로 입장하도록 배려하고 있었다. 안내원을 따라 쉽게 입장하려니 줄을 서서 기다리는 시민들에게 마치 새치기라도 한 것처럼 송구하고 민망한 생각이 들었다.

안으로 들어서자, 고려호텔 식당 TV에서(아마 비디오테이프를 반복해서 틀어주는 듯) 자주 보던, 〈평양랭면 제일이야〉라는 노래가 복도의 TV에서 계속 흘러나왔다.

ⓒ최재영

"옥류관에 오면 일단 '국수(랭면) 맛'을
봐야 합니다. 그 다음에는 난간으로
나가서 대동강 '풍경 맛'을 봐야 합네다.
세 번째로는 밖으로 나가서 옥류관
'건물 맛'을 봐야 합니다. 그리고 옥류교로
이동해 시원한 대동강 '바람 맛'을 보면
좋습니다. 마지막으로 옥류약수터
'약수 맛'을 보면 됩니다. 그래야 옥류관의
다섯 가지 맛을 모두 맛보신 겁네다."

ⓒ최재영

연회장에 이르는 복도 창가 쪽에는
작은 규모의 방이 여러 개 연결되어 있었는데,
점심시간대라서 그런지 방마다 손님들로
북새통을 이뤘다. 우리 일행이 안내된 곳은
계단을 통해 올라간 2층의 작은 방이었다.
… 이곳 주방에서 소요되는 육류 소비가
하루에 2톤 가량이며, 하루에 내는
국수 그릇(하루 냉면 판매량)이
12,000정도라고 한다.

하루 육류 소비량 2톤, 냉면 판매량 12,000그릇

안내에 따라 식당 안에 들어서니 화려하면서도 단아한 샹들리에 불빛 아래 천연보석과도 같은 바닥 장식에 눈길이 갔으며, 무대와 사방 벽면에는 대형 풍경화가 그려져 있어 보는 이들의 눈이 휘둥그레질 정도이다. 건물 외부는 물론이고 내부도 민족 정취가 풍기는 건축 미학을 적용한 듯했다.

식당 내부 홀 한편에는 옥류관의 역사와 유래를 한눈에 볼 수 있는 병풍식 홍보물을 만들어놓았다. 김정일 국방위원장은 옥류관을 '우리 민족요리의 원종장原種場'이라고 언급하였으며, 옥류관에 필요한 식자재 수급을 원활하게 해주기 위해 평양시 상원군을 '원자재 공급기지'로 지정했다는 내용들이 게시되어 있었다.

연회장에 이르는 복도 창가 쪽에는 작은 규모의 방이 여러 개 연결되어 있었는데, 점심시간대라서 그런지 방마다 손님들로 북새통을 이뤘다. 우리 일행이 안내된 곳은 계단을 통해 올라간 2층의 작은 방이었다. 주로 해외동포들이 이용하는 공간이다.

옥류관에서 만드는 음식 메뉴는 매우 다양했으며, 냉면과 온면 외에 코스 요리도 있었다. 코스 요리는 보통 9가지가 나오는데, 대략 차가운 음식부터 더운 음식 순서로 나왔다.

단일 요리 메뉴로는 대동강 숭어국, 송어회를 비롯해 철갑상어와 자라요리, 연어, 메추리, 왕개구리 요리에 이르기까지 상상을 초월한 음식 재료들이 눈에 띄었다. 일반 메뉴 항목에는 피자와 스파게티까지 들어 있었다.

매니저 역할을 하는 여성을 붙들고 물어보니 최근 이곳 주방에서 소요되는 육류 소비가 "하루에 2톤 가량이며, 하루에 내는 국수 그릇(하루 냉면 판매량)이 12,000" 정도라고 한다. 참으로 엄청난 소비량이다.

여성은 100그램, 남성은 200그램

역설적인 이야기지만 북한 음식문화에서 냉면의 정체성은 겨울철 음식이라고 한다. 워낙 역설의 역사를 강인하게 살아온 우리 조상들이다 보니, 뜨거운 삼복더위엔 온돌에 불을 지펴 땀을 흘리며 개고기(단고기) 보신탕을 먹었듯이, 냉면도 마찬가지였다. 동지섣달 매서운 추위 속에서도 뜨거운 온돌에 자리를 잡고 뼛속까지 시원한 냉면을 즐겨 먹었다. 이런 전통은 주로 평안도 지방에서 유래되었다고 한다.

메뉴판에 적힌 냉면 값을 보니 200그램 '쟁반국수'와

'평양랭면'의 가격은 북한 돈으로 공히 560원, 유로화로는 4유로였다. 100그램 '쟁반국수'와 '평양랭면'의 가격은 모두 200그램의 절반(280원, 2유로)이었다. 북한에서 적용하는 환율과 화폐에 따른 정산 방식이 미국이나 한국과는 다르기 때문에 음식 가격이 비싼지 싼지에 대해서는 논하기 어렵다.

이처럼 옥류관에서는 같은 냉면 메뉴인데도 분량에 따라 주문을 달리해야 한다. 음식이 먹다 남는 것을 미리 방지하기 위해서이다. 남성들이나 대식가들은 200그램짜리가 적당하며, 여성들이나 소식가들은 100그램짜리가 적당하다. 그러나 나 같은 냉면 마니아는 300그램을 먹어야 성이 찬다.

가장 먼저 나온 식탁 차림은 녹두지지미 빈대떡과 평양 물김치이고, 이어서 꿩고기를 비롯한 닭고기 국물 등으로 육수를 낸 메밀 냉면을 놋그릇에 담은 쟁반국수가 나왔다. 일행 중 한 분은 쟁반온반을 따로 주문했다. 옥류관 냉면을 쉽게 먹어볼 수 있겠느냐는 생각에 식탐이 발동해 나오는 대로 먹다 보니 곧 배가 불렀다.

냉면 맛을 제대로 음미하려면 단숨에 들이켜야

책임 있는 관료 한 분이 냉면을 좋아하는 나를 볼 때마다 냉면 먹는 방법에 대해 이것저것 자주 알려주었다.

"원래 우리 조선에서는 냉면을 먹을 줄 아는 사람들은 단숨에 먹습니다."

"단숨에 먹다니요?"

"냉면 맛을 제대로 음미하려면 국수오리를 한 번도 끊지 말고 쉬지 않고 목구멍에 넣어야 합니다."

그분 말에 의하면 평양냉면 맛을 제대로 음미하려면 '국수오리'(냉면 면발)를 쉬지 않고 목구멍으로 집어넣어야 한다는 것인데, 도무지 그 말뜻이 지금도 솔직히 이해가 안된다. 북한 주민들은 냉면 면발이나 냉면 사리를 '국수오리'라고 불렀다. 냉면을 연속적으로 목구멍으로 집어넣으라는 말이다.

씹는 듯 마는 듯, 그릇을 모두 비울 때까지 단숨에 목구멍 안으로 집어넣는 거야말로 폭식이지 어째서 맛을 음미한다는 것인지 도무지 이해가 안 갔으나, 그분은 내 앞에서 그와 같은 방식으로 단숨에 냉면을 먹어 치웠다. 그러고는 그 맛을 음미하는 듯했다. 역시 고구려의 후예답게 음식 하나에도 철학이 담겨 있는 듯했다. 이곳 평양에서 해외동포들을 담당한 공식 안내원들은 웬만하면 옥류관 냉면에 대해서는 박사급들이다.

안내원들은 자신들이 마시고 싶은 술을 주문하는 방법을

애교 넘치게 했다. 소주 한두 병을 일단 주문부터 한 후에 다음과 같이 너스레를 떤다.

"일단 한 잔 쭈욱 들이켜시면서 음식을 기다리는 것이 냉면을 제대로 즐기는 첫 단계입니다."

아무튼 안내원들의 가르침에 의하면, 냉면을 맛있게 먹으려면 우선 냉면 면발에만 식초를 뿌려야 한다(냉면 그릇에 식초를 뿌려서는 안된다). 냉면에 올린 고명을 무너뜨린 후 젓가락으로 냉면 뭉치를 대각선으로 찔러 건져 올려 그릇에 걸쳐놓아야 하며, 이때 젓가락을 십자가 형태로 벌려놓으면 된다.

그리고 면발에만 식초를 친 후에 적당량의 겨자를 육수에 넣고 풀어준 후 먹기 시작하면 된다. 먼저 육수 한 모금을 쭈욱 들이켜 맛을 본 후에 면발을 골고루 말아서 먹으면 되는 것이다. 식초를 친 후 면발을 뒤집으면서 젓는 방법은 의외로 쉬웠다. 냉면을 맛있게 먹는 마지막 과정은 냉면 말기를 잘해야 한다. 평소 미국이나 한국에서 냉면을 먹을 때 아무 생각 없이 기존의 방식대로 후루룩 먹어 제치는 습관 때문에 아직은 이 방법이 익숙하지는 않았다.

옥류관에 가면 다섯 가지 맛을 봐야

음식을 기다리면서 일행과 담소를 나누고 있는데, 다른 일행을 안내하는 인텔리 풍의 안내원이 옆 테이블에서 시원시원하게 큰소리로 말하는 소리가 귀를 솔깃하게 했다. 나는 테이블 너머로 그와 대화를 주고받았다.

"옥류관에 오시면 도착하자마자 일단 '국수(랭면) 맛'을 봐야 합니다. 그 다음에는 이것저것 먹고 나서 소화도 시킬 겸 해서 대동강이 보이는 난간(테라스)으로 나가서 대동강 '풍경 맛'을 봐야 합네다. 거기서 주체탑, 릉라도경기장, 옥류교 들을 배경으로 사진도 찍으시고, 담배도 한 대 피우시면 됩니다.

"아, 그러고 보니 그런 게 있었군요. 몰랐습니다."

"그런 다음에 세 번째로는 밖으로 나가서 옥류관 전체 건물 구경을 하면서 '건물 맛'을 봐야 합니다. 엄청난 크기의 건물을 구경하다 보시면 수령님과 장군님의 체취가 절로 느껴집니다. 그리고 옥류교로 이동해서 옥류교 아래에서 시원한 대동강 '바람 맛'을 보시면 좋습니다. 마지막으로 옥류관 우측에 있는 옥류약수터에 가서 약수 한 사발 들이키며 '약수 맛'을 보시면 됩니다. 그래야 옥류관의 다섯 가지 맛을 모두 맛보신 겁네다. 여기 사는 사람들도 그거 자세히 잘 모릅네다."

이날 나는 실제로 그 안내원의 말대로 옥류관 타운의 다섯 가지 맛을 모두 보게 되었다.

① 식당에서 평양냉면의 맛을 음미하다

나는 냉면을 워낙 좋아해서 처음에 200그램짜리 쟁반국수를 주문한 후 잽싸게 다 먹고 나면 다시 100그램짜리 평양냉면을 추가로 주문해 먹는다. 평양에 오면 옥류관 냉면은 두 그릇이 기본 아닌가. 배운 대로 적용하면서도 나만의 방식으로 천천히 먹으며 냉면 맛을 즐겼다.

냉면 위의 고명은 화려하지는 않지만 절제되고 정갈했다. 얇게 지져 채를 친 계란지단 아래 양념장이 얹혔고, 그 밑에는 배 한 조각과 오이, 김치가 올려져 있었다. 그리고 고기 수육이 놓이고, 맨 아래에는 배추절임이 놓여 있었다. 또한 잣도 몇 알 들어 있어 품위가 느껴졌다.

냉면은 한국에서 먹어본 냉면에 비해 새콤달콤한 맛이 부족했으며 약간 덤덤한 느낌이었다. 육수도 첫 맛이 썩 맘에 들지는 않았다. 왜냐하면 미지근한 것은 아니었지만 그리 시원하다고 느낄 정도로 차갑지 않았기 때문이다. 또한 면발도 그리 쫄깃하지 않아 가위로 자르지 않아도 한 입 베어 물면 잘 끊어졌다. 평양에는 냉면을 먹을 때 면발을 자르기 위한 가위가 준비되는 법이 없다. 그러나 식감이 어딘지 달랐다. 면발에서 밋밋한 느낌도 아니면서 야들야들한 젤리 같은 식감이 느껴졌다. 뭐라 형언하기 힘든 깊은 맛이었다.

나는 면발에 식초 뿌리는 일이 귀찮아서 그냥 고명을 냉면 그릇 한쪽으로 밀어놓고 면발을 젓가락으로 높이 집어 올려 폭포가 흘러내리듯 식초를 살짝 흘려주었다. 면발은 한국의 유천냉면이나 일반 칡냉면처럼 칙칙하고 검은 색깔이다. 면발을 젓가락으로 휘감아 한 입 베어 물면 새큼한 맛이 느껴지며 동시에 달달하면서도 짭짤한 맛이 입안에 감돈다.

이때 육수를 한 모금 쭉 들이켜면 냉면 맛이 완벽한 조화를 이루는 듯 감칠맛이 난다. 이래서 모두들 옥류관 냉면의 마력에 빠지는가 보다. 육수는 알려진 대로 때에 따라 소고기, 닭고기, 돼지고기를 기본으로 하며, 거기에 꿩고기를 더해 푹 우려낸다고 한다. 면발과 육수가 입안과 목구멍에서 만나면 구수한 향이 올라와 입안을 휘감는 듯하다. 오늘의 옥류관 냉면 맛은 50년 명성 그 이상이었다.

ⓒ최재영

냉면 위의 고명은 화려하지는 않지만 절제되고 정갈했다. 얇게 지져 채를 친 계란지단 아래 양념장이 얹혔고, 그 밑에는 배 한 조각과 오이, 김치가 올려져 있었다. 그리고 고기 수육이 놓이고, 맨 아래에는 배추절임이 놓여 있었다. 또한 잣도 몇 알 들어 있어 품위가 느껴졌다.

ⓒ최재영

냉면을 맛있게 먹으려면 우선 냉면 면발에만 식초를 뿌려야 한다(냉면 그릇에 식초를 뿌려서는 안된다). 냉면에 올린 고명을 무너뜨린 후 젓가락으로 냉면 뭉치를 대각선으로 찔러 건져 올려 그릇에 걸쳐놓아야 하며, 이때 젓가락을 십자가 형태로 벌려놓으면 된다.

② 발코니에서 대동강 풍경을 맛보다

우리 일행은 식사를 마친 후 대형 홀을 거쳐 대동강 쪽으로 나 있는 커다란 문을 열고 난간으로 나갔다. 테라스와 발코니 역할을 하는 이곳으로 나오니, 옥류관 건물은 정면에서 보는 것보다 더 웅장했다. 뒤쪽에서 보는 건물의 느낌은 매우 달랐다. 대동강 풍경과 어우러져 마치 한 폭의 그림처럼 아름다웠다. 나는 난간과 커다란 기둥에 기대선 채 무심코 흘러가는 대동강을 바라보며 조선시대의 봉이 김선달 이야기를 떠올렸다. 또한 해방정국과 6·25전쟁 등을 생각하니 역사의 소용돌이가 파노라마처럼 스쳐 지나갔다.

지금은 해당화관과 해맞이식당을 비롯해 고급식당들이 우후죽순처럼 생겨나기 시작했지만, 그동안 평양 시민들의 고급 외식 코스나 손님 접대장소로 자주 이용된 옥류관은 곧 북한 외식 문화의 상징으로 일컬어져왔다. 외국인과 해외동포 가운데 주요 인사들이 옥류관을 방문하면 이 테라스로 안내해 구경시켜준다고 한다.

방북할 때마다 빠짐없이 이곳을 들르지만 오늘 따라 대동강과 그 주변의 풍광들이 두 눈에 한가득 새로운 풍경으로 느껴졌다. 일행들과 난간에 걸터앉아 대동강과 평양 시내를 배경으로 사진 몇 장을 찍으며 시간 가는 줄 모르고 담소를 나누었다. 멀리 능라도경기장을 비롯해 발전된 평양 시가지를 한눈에 보는 것만으로도 안구가 정화되는 느낌이었다.

③ 옥류관 건물의 위용을 맛보다

실내를 빠져나와 외부를 천천히 둘러보니 건물이 너무 웅장해서 다시 기가 질렸다. 좀 전에 내부 구경을 위해 여기저기 헤맬 때도 어디가 어딘지 미로처럼 구분이 안될 정도였다. 옥류관 본관은 전통식 합각지붕의 2층 건물이다. 일제강점기에서 해방된 지 16주년을 기념해 1961년 8월 15일 문을 열었다. 그 후 1988년 세계청년학생축전을 계기로 본관 좌우에 별관을 지어 두 날개를 단 듯한 현재의 모습이 되었다.

본관은 철근 콘크리트구조 2층 건물에 지붕은 조선식(한식) 기와를 얹은 소위 합각식으로 되어 있는데, 연건축면적 5,800㎡에 좌석이 2,200석이라고 한다. 청기와를 머리에 이고 있는 수십 개의 합각지붕에는 사찰이나 고궁에서처럼 서까래들이 부챗살처럼 미끈하게 휘어 올라갔다. 콘크리트로 지었다고는 믿기지 않았다. 총천연색 단청과는 사뭇 다른 건축미를 보여 주었다. 1층에는 100여 석의 연회장이 두 곳, 40석짜리 중간규모의 단체방과 소규모 단체방 6개 등 총

30여 개의 중소 연회장을 갖추었고, 2층에는 600석 규모의 대연회장이 있다.

별관은 1988년 9월에 준공했다는데 연건평이 7,000㎡나 된다고 한다. 옥류관은 지난 2008년에 다시 한 번 외장 공사와 경관 공사를 거쳐 현재의 모습으로 태어났다. 별관에도 대중 연회장과 대동강을 바라보며 식사할 수 있는 야외식당이 있는데, 이 곳에서만 1,400명을 한꺼번에 수용할 수 있다고 한다.

평양냉면도 세계가 탄복할 만한 맛이지만, 건물 자체도 우리 민족 고유의 고전미와 현대미가 결합되어 절제되고 단아한 맛을 풍긴다. 옥류관은 하나의 거대한 타운이며 별천지처럼 느껴졌다. 특히 야간 조명이 비치는 날이면 그 화려함에 발걸음이 떨어지지 않는다.

④ 옥류교 아래서 대동강 바람을 맛보다

옥류관 건물 구경을 마친 우리 일행은 옥류교를 향해 걸었다. 1960년도에 건설되었다는 옥류교는 왕복 4차선이며 평양 중구역과 대동강구역을 잇는 역할을 한다. 다리 양측에는 주체사상탑과 옥류관 등이 보였다.

평양시내에는 청류다리, 능라다리, 대동교, 양각다리,

충성의다리 등 많은 교량이 즐비하지만, 그중에서도 주변 풍광과 가장 잘 어울리는 다리가 바로 옥류교이다. 특히 유람선에 올라 타 바라보는 옥류교는 옥류관과의 조화미를 뽐낸다. 일행이 다리 아래를 거닐자 기다렸다는 듯 시원한 강바람이 불었다.

구슬처럼 푸른 강물 때문에 '옥류'라는 이름이 붙은 것은 짐작하겠는데, 안내원의 설명을 통해 '옥류'라는 말이나 '청류'라는 말이 모두 대동강을 일컫는 별칭인 것을 알게 되었다. 나는 속으로 '아, 그러고 보니 냉면 업계의 팽팽한 맞수인 옥류관과 청류관의 명칭이 결국 대동강을 지칭하는 거였구나'라는 생각을 했다.

"최 선생님, 옥류교 바람이 어떻습니까? 아까 그 야외 난간에 서면 손에 닿을 듯한 거리에 이 다리가 놓여 있지 않았습니까? 열두 개 교각 밑에 구슬같이 맑은 물이 흐른다고 해서 옛 조상들이 만들어낸 이름인데 아무리 생각해도 이름이 아름답지 뭡니까? 제가 어렸을 때만 해도 평양에서 제일 큰 다리가 이 옥류교랍니다."

초가을 대동강 강바람은 오늘 따라 더욱 시원하게 느껴졌다. 대동강 강바람 맛이 고급 커피보다 더 향긋하게 느껴졌다.

⑤ 옥류약수터에서 약수 한 대접을 맛보다

우리 일행은 옥류관을 나온 후 마지막 코스로 옥류약수터를 찾았다. 옥류관을 끼고 있는 야트막한 언덕배기를 올라야 했다. 대동강 강기슭 사이에 자리 잡은 옥류약수터는 옥류교와 옥류관 사이에 있었다. 건강에 좋고 질병 치료에 효험이 좋기로 유명한 약수터라니 한 모금 마시고 싶었다.

약수터 입구에는 '옥류약수는 평양의 자랑' '약수도 봉사도 제일'이라는 문구들이 여기저기 붙어 있었다. 옥류약수 봉사소에서 근무하는 여성 봉사원은 사뭇 진지한 표정으로 유래를 설명해 주었다.

약수터 유래에 대한 설명 듣는데 무엇 때문인지 약수를 기다리던 주민들이 모두 쳐다보며 살며시 웃고들 있었다.

"많은 시민들이 찾아오시는데 약수가 끊기거나 모자라지는 않습니까?"

"하루 약수량이 400㎥이며, 칼륨, 나트륨, 칼슘, 마그네슘, 철이온, 염소이온, 수소탄산이온, 류산이온 등을 비롯한 많은 유용 광물 이온들이 포함되어 있습니다."

약수터 안에도 외부와 마찬가지로 '옥류약수는 최고의 명약' '삶의 기쁨과 활력, 기백을 돋구어주는 약수'라는 글자들이 나붙어 있었다.

"우리 몸에는 얼마나 좋습니까?"

"위, 십이지장, 소대장, 담낭, 취장, 방광, 간장 등 여러 질병 치료에 매우 좋습니다. 그뿐 아니라 만성위염, 위십이지장궤양, 만성간염, 가벼운 당뇨병, 철부족성 빈혈 치료에 아주 효과가 좋습니다."

"여기도 문을 열고 닫는 시간이 있습니까?"

"아침 6시부터 저녁 8시까지 정말 눈코 뜰 새 없이 바쁩니다. 문을 열자마자 평양 시민들만이 아니라 멀리 떨어진 지역에서도 많이 오기 때문에, 이곳을 찾는 숫자가 연인원 25만 명에 달하고 있습니다. 항상 문전성시를 이룹니다."

옥류관 타운 내에 자리한 약수터는 시민들의 건강에 많은 도움을 주고 있는 듯했다. 특히 사회에 기여한 어른과 약자들에 대해서는 정책적으로 배려한다고 한다.

"저희 봉사원들뿐 아니라 봉사조직(봉사단)이 별도로 있어서 항일혁명투사들과 국가영웅들과 공로자들, 영예군인(원로군인)들에게는 정기적으로 그분들의 집까지 약수통을 가져다주고 있습니다."

시민들이 약수터를 찾아와 불편을 느끼지 않도록 봉사조직을 갖추고 필요한 설비와 조건을 잘 갖추어놓고 있었다. 평소 동네 약수터에 익숙했던 나로서는 이처럼 체계 있게 운영하는 약수터가 마냥 신기했다.

"옥류약수는 밥물을 잡는 데 좋아서 밥을 하고 나면 밥에 기름기가 흐릅니다. 뿐만 아니라 김치를 담그는 데 약수를 쓰면 김치가 좋은 맛을 내고, 각종 요리에도 아주 그만입니다."

"약수의 용도가 이처럼 다양할 줄 몰랐습니다."

"뿐만 아닙니다. 평양 시내 여러 식당에서 국수나 빵을 만들거나 얼음과자(아이스크림)를 비롯한 갖가지 공장 음식을 전국에 있는 약수로 가공해 봉사해 주고 있습니다."

안내원에게 물어보니 북한에는 이곳 외에도 하당약수, 강서약수, 유호동약수, 갈산약수, 삼마약수, 삼신약수, 고방산약수, 보통강약수, 학산약수, 구서약수 등이 있어 주민들이 항상 이용한다고 한다.

—〈통일뉴스〉 2015.09.29

세상의 모든 냉면

평양냉면

평양 근교에서 유래한 냉면 음식의 원조다. 조선 후기에 대중 요리로 발전하였으며, 일제강점기 들어 본격적으로 서울 지역으로 진출하였다. 조선시대의 평양냉면은 메밀에 전분 등이 혼합된 것이었으나, 일제강점기 들어 순메밀 냉면의 전통이 생겼다고 한다. 육수는 동치밋국을 기본으로 하다가 차츰 고기 육수로 대체되었다.

평양 시내의 옥류관 등에는 냉면 외에 '쟁반국수'란 이름의 냉면 메뉴가 있다. 또한 어복쟁반을 기초로 한 '고기쟁반국수'도 있다. 평양냉면은 평안도와 황해도를 포함하는 관서 지방에서 두루 발달한 음식이다. 조금씩 개성을 달리하는 사리원냉면, 해주냉면, 강계냉면 등이 있다.

현재 남한 지역에서 주도권을 쥐고 있는 냉면집들은 해방 후 그리고 한국전쟁 시기에 월남한 피난민들에 의해 그 문화가 형성되었다. 차츰 메밀의 혼합 비율이 줄어든 북한의 평양냉면에 비해 전분을 많이 사용하지 않는 전통을 유지해 오고 있다. 평양냉면을 파는 식당이 서울에만 100곳 가까이 된다.

농마국수

함흥 지방의 대표적인 국수 요리. 평양냉면과 같은 물냉면으로 북한에서는 농마국수라고 부른다. 일제강점기에 개마고원에서 생산된 감자를 이용해 탄생한 요리다. 물냉면인 농마국수와 함께 국수에 회와 양념장을 넣은 회국수도 생겨났다.

북한에서는 평양냉면만큼 인기를 끌고 있지 못하며, 표준 요리법도 정리되어 있지 않다고 한다. 농마국수를 맛볼 수 있는 가장 유명한 음식점은 함흥 신흥관이다.

함흥냉면

함흥냉면은 함경도 지방 피난민들에 의해 남한에서 만들어진 식문화다. 피난민들이 식당을 열면서 '함흥'이라는 상호를 사용한 것이 그 시초다. 함흥냉면은 함흥 지방의 회국수가 그 뿌리다. 회국수가 냉면이라는 이름으로 남한 사회에 정착한 것이다.

함흥냉면은 육수가 적거나 없는 것이 특징이다. 고구마 전분으로 만든 쫄깃한 면에 명태회나 간재미회 등을 넣어 맵게 무친 이른바 비빔냉면이다. 남한에는 감자가 많지 않았기 때문에 감자 대신 고구마 전분을 주로 사용하였다.

남한에서는 평양냉면에 버금가는 냉면계의 양대 산맥을 이루고 있다.

모리오카 냉면

일본에서 재일교포가 함흥냉면을 개량하여 만든 냉면. 외관상으로는 평양냉면과 같은 물냉면이다. 일본인의 입맛에 맞는 조리법을 개발하여 이와테 현 모리오카盛岡 시의 향토 특산물로 지정 받았다.

메밀을 사용하지 않고 전분과 밀가루를 사용하여 면을 만든다. 고명은 수박, 편육, 깍두기, 삶은 계란 등이 올라간다. 프랜차이즈 체인점이 운영되어 모리오카에서뿐 아니라 도쿄 같은 곳에서도 맛볼 수 있다.

밀면

냉면에서 파생된 음식으로 6·25전쟁 시기 부산에서 탄생하였다. 밀면의 뿌리는 함흥냉면이라고 할 수 있는데, 미군의 원조로 풍부했던 밀가루에 전분을 섞어 면을 만들었다. 경상도 입맛에 맞게 다진 양념이 많이 들어가 자극적인 맛이 특징이다. 부산 사람들에게 크게 인기를 끌어 많은 밀면 전문점이 생겼다.

육수에 말아 먹는 물밀면과 양념장에 비벼 먹는 비빔면의 두 종류가 있다. 부산 지역의 향토 음식이다.

진주냉면

경상남도 진주의 향토음식이다. 그 뿌리는 조선시대로 올라간다고 한다. 명맥이 끊겼던 것을 근래 들어 복원하였다. 바닷가인 사천 지방의 냉면을 바탕으로 복원되었으며, 해물을 우려낸 육수와 육전 고명이 특징이다.

음식사를 연구한 이성우 교수의 《한국요리문화사》(1985)에 진주냉면이 등장하고, 북한에서 펴낸 《조선의 민속전통》(1994)에 "랭면 가운데서 제일로 일러주는 것이 평양랭면과 진주랭면이었다"는 구절이 들어 있지만, 진주냉면의 원형에 대한 정확한 기록은 찾을 수 없다.

전통적인 냉면은 주로 메밀을 사용해 면을 뽑지만, 진주냉면은 녹두 녹말을 섞어 사용한다. 함흥냉면식의 전분 면을 지역 소비자들이 선호하는 까닭에 최근에는 고구마 전분을 많이 사용한다고 한다. 육수를 내는 데는 디포리, 멸치, 홍합, 바지락, 해삼 등의 해산물과 쇠고기를 섞어 사용한다.

옥천냉면(해주냉면)

옥천냉면의 뿌리는 황해도 해주냉면이다. 6·25전쟁 때 해주에서 피난 온 부부가 1952년 경기도 양평군 옥천면에 자리를 잡고 해주식 냉면을 팔기 시작한 것이 그 시초다.

전반적으로 평양냉면과 흡사하다. 간장이 들어가 평양냉면에 비해 육수가 조금 더 진하지만, 맛은 밍밍한 편이다. 육수는 돼지고기만으로 낸다. 굵은 면발에서 우러나오는 진하고 구수한 맛이 특징이다.

서울식 냉면

고깃집에서 후식으로 먹거나 특정 종류의 냉면을 팔지 않는 냉면집에서 물냉면, 비빔냉면으로 구분해 부르는 냉면. 함흥냉면을 기본으로 막국수와 교배되어 서울 사람의 입맛에 맞춰 개량되었다. 동대문을 중심으로 퍼져 있는 매운 비빔냉면이 가장 대표적이다. 새콤달콤한 육수를 사용한 물냉면도 서울식 냉면에 속한다.

같은 냉면이라도 가게마다 약간씩 다른 특색을 지니고 있다. 새콤한 맛이 가미된 서울식 물냉면은 일제강점기부터 영업한 한일관이 가장 오랜 전통을 지니고 있는데, 메뉴에 '서울냉면'이라고 적혀 있다.

인천 화평동 냉면은 서울식 냉면과는 또 다른 방계를 이루며, 조미료 육수에 매콤한 양념을 섞는 분식집 냉면 스타일의 원류다.

칡냉면

서울식 냉면의 아종이다. 밀면과 비슷하게 고구마 전분의 대체 재료를 찾는 과정에서 칡 전분과 밀가루를 혼합해 탄생하였다. 칡냉면은 칡의 대량 산지인 남원, 함양 등의 지리산 지역에서 발생한 것으로 추정된다. 강원도 지역의 칡국수는 갈분과 밀가루를 섞어 칼국수처럼 썰지 국물에 말아 먹는다. 본래의 칡냉면은 칡의 특성상 면이 그다지 질기지 않으며, 제대로 된 갈분을 사용해 만든 칡냉면은 진하지 않은 옅은 갈색이다.

야콘냉면

서울식 냉면의 아종. 고구마 전분의 대체재를 찾던 과정에서 남아메리카 원산의 야콘 전분을 이용하여 만들었다. 야콘냉면은 북한에서 먼저 만들어졌다. 북한에서 재배되기 시작한 야콘을 냉면의 재료로 사용하였으며, 탈북자들에 의해 한국에 소개되었다.

녹차냉면

서울식 냉면의 아종이라고 할 수 있다. 면의 색깔이 녹색인 것을 빼면 일반 서울식 냉면과 다를 바가 없다.

막국수

강원도 지역에서 먹는 찬 면요리의 하나. 삶은 메밀 면에 양념장 등을 얹고 동치미 국물이나 육수에 비벼 먹는다. 원조 막국수는 메밀을 주로 사용하지만 음식점에서 나오는 면은 대부분 전분 면이다.

화전민이 사는 강원도 지역에서 화전으로 일군 척박한 땅에 메밀을 재배하고, 메밀을 수확해 국수를 해먹은 데서 유래하였다. 6·25전쟁 이후 생활고를 해결하기 위해 국수를 만들어 팔기 시작하면서 춘천 막국수가 대중화되었다.

막국수의 의미는 '거친 국수'라기보다는 '바로 만든 국수', 주문을 받고 바로 막 만든 국수라는 의미가 강하다고 한다.

냉중화면

면과 야채 소스를 비벼 먹는 중국식 냉비빔면인 간발면에서 유래한 중국식 냉면. 보통 차갑게 식힌 닭고기 국물에 면을 말고 고명을 올린 후 땅콩 버터를 올려 먹는다. 중화냉면 혹은 중국냉면으로 불린다. 일본의 냉라멘과는 달리 '물냉면'처럼 국물이 많다.

연길냉면

메밀 면과 고기 완자가 들어가는 중국 연길식 냉면. 한국의 다른 냉면은 물론 중화냉면과도 차별화되는 특색 있는 냉면이다. 국물에서 간장 맛 비슷한 짠맛과 식초 맛이 난다.

동북냉면

중국 동북지방에서 먹는 냉면. 연길식 냉면과는 달리 옥수수 온면에서 국물만 차갑게 바꾼 형태이다. 국물에 다진 양념을 넣어 매콤하고 기름진 특성을 갖고 있다.

닭냉면(초계국수)

고기 육수나 닭 육수를 섞지 않고 닭으로만 육수를 내서 만든 냉면. 찬 닭 육수가 면과 어우러져 묘하게 중독성 있는 맛을 가지고 있다. 일반 냉면에 들어가는 면 외에 밀면 계열의 면을 쓰기도 한다.

구운냉면

냉면구이烤冷面이라고도 불리며, 중국에서 흔한 길거리 음식이다. 전혀 차갑지 않다. 냉면 면발을 구워서 달걀이나 채소 따위를 곁들여 먹는다.

승소냉면

고기 육수를 쓰지 않고 동치미 국물에 면을 말아 내놓는 냉면으로 사찰 요리 전문점에서 만날 수 있다. 본래 불교에서는 떡, 만두와 함께 국수를 '스님의 미소'라 하였다. 승소냉면의 승소僧笑 역시 '스님의 미소'라는 뜻이다. 육수와 고명으로 올라가는 편육 때문에 냉면을 멀리하는 채식주의자들에게 환영받을 수 있는 냉면이다.

고려인 냉면

러시아 땅에 사는 고려인들이 중앙아시아로 이주한 뒤 만든 차가운 면 요리. 이북식 냉면의 한 갈래라고 볼 수 있다. 고명으론 계란지단, 오이, 고기, 당근김치 등을 올린다. 토마토와 간장으로 감칠맛을 낸 육수에 설탕, 소금, 식초 등을 넣고 로즈마리를 뿌려 향을 낸다. 면의 종류는 정형화되어 있지 않다.

* 이 글은 나무위키의 자료를 토대로 작성하였음.